高质量发展模式的探路者

——青岛中德生态园发展模式研究

《高质量发展模式的探路者》编写组　编著

中国财经出版传媒集团

中国财政经济出版社

图书在版编目（CIP）数据

高质量发展模式的探路者：青岛中德生态园发展模式研究 /《高质量发展模式的探路者》编写组编著. -- 北京：中国财政经济出版社，2020.9

ISBN 978-7-5095-9999-0

Ⅰ.①高… Ⅱ.①高… Ⅲ.①生态区－发展模式－研究－青岛 Ⅳ.①X22

中国版本图书馆CIP数据核字（2020）第160135号

责任编辑：彭　波　　　　　　责任印制：史大鹏
美术编辑：卜建辰　　　　　　责任校对：徐艳丽

中国财政经济出版社 出版

URL：http://www.cfeph.cn

E-mail：cfeph @cfemg.cn

社址：北京市海淀区阜成路甲28号　邮政编码：100142

营销中心电话：010-88191522

天猫网店：中国财政经济出版社旗舰店

网址：https://zgczjjcbs.tmall.com

北京时捷印刷有限公司印刷　各地新华书店经销

成品尺寸：185mm×260mm　16开　14.25 印张　290 000字

2020年9月第1版　2020年9月北京第1次印刷

定价：98.00元

ISBN 978-7-5095-9999-0

（图书出现印装问题，本社负责调换，电话：010-88190548）

本社质量投诉电话：010-88190744

打击盗版举报热线：010-88191661　QQ：2242791300

本书编写组成员

策划：赵士玉
撰稿：施　涵　王新华　于　灏　孙江永　周志刚
统筹：宗　博　庞　辉

在中国改革开放历经 40 周年之际，作为中国改革开放的探路者和主力军的开发区正面临着在国家、地方和国际层面上的重大发展机遇和挑战。首先，党的十九大确立了 2020~2050 年"两步走"的国家战略，即 2020~2035 年基本实现社会主义现代化，2035~2050 年建成社会主义现代化强国，并强调我国经济由高速增长向高质量发展转变。在我国向高质量发展模式转型过程中，开发区能否再次发挥出在中国改革开放中的先锋队、主力军作用？在地方层面，各地经济增长处于新旧动能转换之际，迫切需要探索和发展未来经济和工业 4.0 的新主体、新业态和新模式，开发区需要以何种战略定位来抓住新一轮发展机遇，继续确立和增强其在所在地区经济发展中的核心地位和作用？在国际层面，中国主导的"一带一路"倡议已经从"大写意"进入"工笔画"的新时期，联合国《2030 年可持续发展议程》、联合国气候变化《巴黎协定》和联合国《新城市议程》也在深远地影响世界各国的发展战略。在新的国际发展格局下，开发区能否在中国建立人类命运共同体中发挥独特的探索和示范作用？

2010 年 7 月在中德两国总理的见证下，中国商务部与德国经济和技术部签署了《关于共同支持建立中德生态园的谅解备忘录》，确定在青岛经济技术开发区合作建立青岛中德生态园。在 2011 年 3 月中德双方完成中德生态园选址，又经过两年多的规划对接，2013 年 7 月正式启动建设。在保证资源环境保护、积极促进村民就地安置和产业项目落地的同时，中德生态园建设坚持德国质量和中国速度的有机统一，引导实现生态低碳约束下的绿色发展。中德生态园作为国际合作示范园区，在建设之初就明确了"生态、智慧改善生活，开放、融合提升品质"的发展理念和"田园环境，绿色发展，美好生活"的发展愿景；并在规划建设中深入贯彻落实了创新、协调、绿色、开放、共享新发展理念，与国家转型发展、新型城镇化、生态文明建设和低碳城市建设的战略部署高度契合。

中德生态园的探索和实践坚持了创新是发展基因。中德生态园的诞生肩负着探索未来园区可持续发展，以及在新一轮产业革命中抢占新兴产业链的高端位置的先锋示范重任；这都需要有创新的机制和创新的实践。协调是发展前提。中德生态园需要追求经济、社会和环境的协调，追求城市和自然的协调，产业与居住功能的协调，生态园与区域的协调。绿色是发展特征。良好的生态环境是中德生态园存在的物质基础，同时绿色也是中德生态园区别于其他新兴产业园区的基本特征。绿色是中德生态园区域竞争力的源泉。开放是发展路径。中德生态园就是在中德两国政府的大力支持下，由中德两国的企业、科研院所和其他机构合作共建的成果。同时，中德生态园还承载着将德国先进理念、技术和管理模式，与中国有竞争力的制造能力和市场需求相结合，进行相应的调整和改进，形成竞争力更强、适应性更广的产品、服务和技术体系，来满足巨大国内外巨大市场需求的重要责任。共享是发展责任。中德两国互惠互利，共享中德生态园建设所取得的成果。中德生态园还肩负着将可持续城市发展、培育创新性绿色产业集群等方面所取得的经验教训，向内外扩散、交流和复制的责任。同时，中德生态园还需要向园区所有居民提供包容性公共服务和社会福祉，使更多的人共享其发展成果。

经验需要总结，教训更要吸取。中德生态园在前期围绕着生态、绿色和低碳发展等方面开展了一系列探索和实践，积累了很多经验与教训，值得我们认真地加以梳理、分析和评判。本书的写作主要有三个目的：一是在新的国内外背景下重新审视中德生态园的总体发展战略、目标和实践，并在理论的指导下，深入剖析过去有效做法与无效探索的深层原因，以期指导今后的工作做得更好，少走弯路；二是作为园区可持续发展管理体系的一个重要特点，需要定期对规划、建设与运营开展回顾性评估，以便总结经验、纠偏勘误、详细归档，为后期的评估提供基线数据和参考资料；三是中德生态园从一开始就肩负着示范试点的使命，在可持续城市化和创新型产业集群促进方面进行探索，为广大产业园区的管理与决策人员提供思考素材、参照案例和比对标靶。

本书的结构共分7章。第1章是中德生态园诞生的背景和使命，主要介绍中德生态园诞生的国内外背景，以及中德生态园在探索未来城市可持续发展成功模式与培育创新型绿色产业集群及促进中德两国经济、技术、环境和文化交流合作方面所肩负的责任，重点论述了中德生态园发展中所承载的突出中德合作，探索可持续、可复制、可推广的生态特色园区的使命。第2章是中德生态园发展理念、愿景和指标体系，主要介绍中德生态园可持续发展理念、指标体系、规划体系和标准建设，分析中德生态园在发展愿景和生态环境管理体系方面的探索和创新，这是中德生态园长期竞争力的源泉。第3章是中德生态园规划体系，主要介绍了中德生态园规划体系的演变，并在充分借鉴德国在城市规划空间布局、指标体系、运营管理等方面经验的基础上，重点突出了"田园环境，绿色发展，美好生活"的发展愿景，特别是介绍了中德生态园在资源保护和生态建设规划等方面开展评估工作的做法，这是及时汲取自身经验教训、避免走弯路的重要保证。第4章是绿色低碳产业体系的构建，绿色发展需要绿色的产业作为支撑，所以本章主要介绍了绿色产业体系的构建、构建过程中的资源整合及绿色低碳产业系统的发展策略，突出了产业体系构建过程中的德国经验和中国实际的有机结合。第5章是绿色建筑和可持续基础设施，主要介绍了中德生态园绿色建筑的探索与实践，并从能源转型、绿色交通、水资源综合管理与利用等方面论述了中德生态园在可持续发展领域的独特做法，同时，介绍了智慧城市作为园区基础设施一体化平台的重要性及实践措施，突出了中德生态园作为中国首个城市发展实验室的独特探索和相关经验。第6章是中德生态园支撑环境，主要介绍了人文环境、多元体育交流及农村与城市融合发展模式等方面的内容，体现了中德生态园在建设过程中在地方文化保护、城区功能建设、城乡有机融合所体现出来的特色与经验。第7章是中德生态园的组织保障与运行模式，主要论述了中德生态园在组织管理、机构设置、智库建设、用人机制、招商引智及学习型组织建设等方面具体措施和相应做法，展现了在园区建设和保障机制方面充分吸收德国先进管理模式后再创新的举措。

中德生态园肩负着从根本上探索一个避免先污染、后治理的发展模式，力争成为习近平总书记所提出的"绿水青山就是金山银山"的优良案例。一方面，中德生态园建设是一个长期、艰巨的探索与实践过程，期间会不断面对新的挑战与机遇，及时总结前一阶段的经验与教训，也是积极调整、有效推进后期工作的制度保证；另一方面，中德生态园作为开发区转型升级的先行者与探路者，归纳提炼其在建设过程中所积累的一些可复制的实践做法，为其他园区开展类似探索提供参考和借鉴，这是本书写作的另一个重要目的。

本书全部知识产权归青岛中德生态园管理委员会所有。

第1章 中德生态园诞生的背景和使命

气候变化、生物多样性丧失等全球环境危机日益严峻。越来越多的国家认识到只有通过有效的国际合作，才有可能应对人类面临的重大挑战。历经40年的改革开放，中国成为世界第二大经济体，经济发展开始从高速度向高质量发展模式转型，在新型城市化、能源转型等方面均面临诸多挑战，迫切需要探索一条前所未有的适合自身国情的发展道路。德国在工业4.0、可持续城市化以及能源转型方面均走在世界前列。中国和德国之间在高端智能制造、可持续城市发展以及能源环境绿色转型等众多领域均可以开展形式多样、互惠互利的合作。在这种背景下，中德两国政府于2010年批准合作建设青岛中德生态园，并于2013年7月正式破土动工。经过6年多时间的规划和建设，中德生态园在经济、生态和社会可持续发展方面取得了良好的开端。中德生态园自一开始就肩负着探索和展示可复制、可推广的可持续产业和城市发展模式的使命。就其第一阶段发展所取得的成效而言，中德生态园较为出色地担负起上述历史使命。

为应对持续恶化的全球环境问题，2015年前后国际社会在全球合作方面也取得了难得的突破，特别反映在2015年通过的联合国《2030年可持续发展议程》、气候变化《巴黎协定》以及2016年通过的21世纪《新城市议程》。全球可持续发展战役的成败关键取决于城市层面的实施进展，城市需要从资源环境破坏的主要罪魁祸首，转变为全球可持续发展的实践先锋。

中国面临着经济增长进入新常态、人口结构转型、严重的城市病、以煤炭为主的能源结构和以严重雾霾为标志的环境污染的挑战。在此背景下，中国从21世纪初开始了向生态文明的艰巨转型，探求新型城市化道路，也赋予了产业园区在加速新兴产业发展、探索可持续城市化和加强对外开放等方面的历史重任。

德国在第二次世界大战后，开始了大规模城市重建，取得了以严重污染的鲁尔地区绿色转型为代表的环境治理成功经验，在从煤炭和核电向可再生能源过渡的能源转型也取得了突破，在可持续发展和高端制造业发展方面，拥有十分丰富的经验和教训可供借鉴。中德两国可以在"工业4.0"领域，在可持续城市化和能源环境转型方面，开展互惠互利的双边合作，特别是通过双边合作建设新型生态产业园区的创新经贸和能源环境合作模式，在技术转让、知识产权保护、融资、市场准入以及标准发展等领域开展深入、共赢的合作。

在这种背景下，青岛中德生态园的建立与发展拥有天时、地利、人和的特点，同时也肩负着探索创新型产业集群发展、可持续城市化以及推动中德企业有效合作的历史重任，需要产生可复制、可借鉴的成功经验与模式。

1.1　可持续发展全球趋势——从共识到行动

自18世纪末工业革命以来，全球经济和人口得到持续发展。特别是第二次世界大战以后，经济发展速度进一步加快。伴随而来的自然资源消耗和废物排放都超过了地球系统的承受能力，人类显著地改变了地球的气候系统，破坏生物多样性，大大改变氮、碳、磷等重要元素的全球循环。因此，我们正在从大约延续了12000年的全球温度非常稳定的全新世（Holocene）进入了一个新的地质纪元——人类世（Anthropocene）。在这个最新的地质纪元中，人类活动成为主导全球环境变化的首要动力，人类不仅以前所未有的速度与规模威胁着地球系统的稳定，同时也具有难得的机会来重塑自身的未来。

2009年9月，知名的《自然》杂志发表了一篇由29位国际顶尖科学家组成的研究小组完成的重要研究成果，确认了9个对地球未来稳定运行具有重要影响的"地球边界"，例如，人类活动排放的温室气体不应使大气层CO_2浓度高于350 ppm，因而设定了人类安全操作空间边界。如果人类活动导致的环境变化突破了这些地球边界，就可能从根本上影响地球对人类生存的适宜性。科学家提出的九个最重要的"地球边界"包括：气候变化、生物多样性丧失、氮和磷的过度施用导致土壤和水源污染、平流层臭氧消耗、海洋酸化、全球淡水消耗、发展农业造成的土地利用变化、空气污染以及化学污染。迄今为止，其中的三个地球边界——气候变化、氮循环干扰和生物多样性丧失——已经被逾越（见图1-1）。

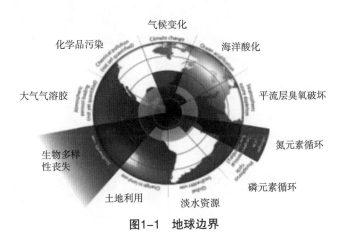

图1-1　地球边界

经过几年的努力，国际社会2015~2016年在合作应对全球环境挑战方面迈出了坚实的步伐，达成一系列里程碑式的协议，其中最为重要的包括联合国《2030年可持续发展议程》、应对气候变化《巴黎协定》以及21世纪《新城市议程》。

1.1.1 联合国《2030年可持续发展议程》——可持续发展目标

全世界人民都在呼唤新的领导力和全球行动，解决贫困、不平等和气候变化问题。2015年9月25日，中国国家主席习近平等世界领导人齐聚联合国纽约总部召开可持续发展峰会，正式通过了《变革我们的世界：2030年可持续发展议程》。该发展议程包含17个可持续发展目标（SDGs），指导未来15年（2016~2030年）发展工作的政策制定和资金使用，并作出在全世界消除一切形式的贫困的重大承诺。

作为《2030年可持续发展议程》的基石，可持续发展目标的概念诞生于2012年召开的联合国"里约+20"可持续发展会议，会议旨在设立一系列全球普遍适用的目标，协调环境、社会及经济三方面的可持续发展（见图1-2）。17个可持续发展目标（SDGs）及169个具体目标体现了这项全球发展新议程的宏大规模与崇高目标。可持续发展目标将更为复杂的发展环境纳入考虑范围，关注可持续发展及不平等问题之间的联系。可持续发展目标更加关注城市及气候变化等方面。城市显然是《2030年可持续发展议程》的重要焦点之一，明确体现在第11个可持续发展目标的表述中："建设包容、安全、有抵御灾害能力和可持续的城市及人类住区。"城市发展也关系到许多其他目标。

图1-2　联合国《2030年可持续发展议程》的17个全球可持续发展目标（SDGs）

资料来源：https://www.un.org/sustainabledevelopment/zh/sustainable-development-goals/

专栏 1–1　可持续发展目标 11——建设包容、安全、有抵御灾害能力和可持续的城市和人类住区

可持续发展目标 11 的具体目标是：
- 到 2030 年，确保人人获得适当、安全和负担得起的住房和基本服务，并改造贫民窟；
- 到 2030 年，向所有人提供安全、负担得起的、易于利用、可持续的交通运输系统，改善道路安全，特别是扩大公共交通，要特别关注处境脆弱者、妇女、儿童、残疾人和老年人的需要；
- 到 2030 年，在所有国家加强包容和可持续的城市建设，加强参与性、综合性、可持续的人类住区规划和管理能力；
- 进一步努力保护和捍卫世界文化和自然遗产；
- 到 2030 年，大幅减少包括水灾在内的各种灾害造成的死亡人数和受灾人数，大幅减少上述灾害造成的与全球国内生产总值有关的直接经济损失，重点保护穷人和处境脆弱群体；
- 到 2030 年，减少城市的人均负面环境影响，包括特别关注空气质量以及城市废物管理等；
- 到 2030 年，向所有人，特别是妇女、儿童、老年人和残疾人，普遍提供安全、包容、无障碍、绿色的公共空间；
- 通过加强国家、区域发展规划，支持在城市、近郊和农村地区之间建立积极的经济、社会和环境联系；
- 到 2020 年，大幅增加采取和实施综合政策和计划以构建包容、资源使用效率高、减缓和适应气候变化、具有抵御灾害能力的城市和人类住区数量，并根据《2015~2030 年仙台减少灾害风险框架》在各级建立和实施全面的灾害风险管理；
- 通过财政和技术援助等方式，支持最不发达国家就地取材，建造可持续的、有抵御灾害能力的建筑。

1.1.2　气候变化《巴黎协定》

2015年12月，《联合国气候变化框架公约》197个缔约方在巴黎气候变化大会上达成了里程碑式的《巴黎协定》。《巴黎协定》已于2016年11月4日正式生效。作为继《京都议定书》后第二份有法律约束力的气候变化协议，《巴黎协定》为2020年后全球应对气候变化行动作出了安排，其中一项重要目标就是：使全球温室气体排放总量尽快达到峰值，以实现将全球平均气温控制在比工业革命前高2摄氏度以内并努力控制在1.5摄氏度以内的目标。

如果将1870年后全球二氧化碳累计量控制在1000GtC中，全球有高于66%的机会将温升控制在2℃之内（政府间气候变化专门委员会《第五次评估报告》）。到2011年，全球累计温室气体排放已达515 GtC（在445~585 GtC范围）。2009年尼古拉斯·斯特恩提出，如果要将全球温升到2050年控制在2.5℃以内，就需要到2050年时全球人均二氧化碳排放降低到每年2吨。而2014年世界人均排放为5.7吨，中国人均排放大约7吨。由此可以看出，中国控制二氧化碳排放的挑战极其严峻。

1.1.3 《新城市议程》(2016)

2016年10月20日，第三届联合国住房和城市可持续发展大会（简称"人居三"）在厄瓜多尔首都基多圆满落幕。来自142个国家和地区的代表一致通过成果文件《新城市议程》，为全球共同实现"可持续发展目标11"，即"建设包容、安全、有抵御灾害能力和可持续的城市和人类住区"勾勒出明确的框架蓝图，并将由此成为全球人类住区发展史上的里程碑。

作为全球未来20年的城市可持续发展的路线图，《新城市议程》雄心勃勃，旨在使城市和人类住区更具包容性，确保每个人都能够从城市化中受益，同时重点关注处于脆弱境况的人群。它勾勒出一个多元化、可持续和具有抗灾韧性社会的愿景，呼吁推进绿色经济增长；更重要的是，它是一个郑重承诺，要求人们共同承担彼此的责任，并朝着共同的城市化世界的发展方向前进。

全球层面上，城市承载超过全球50%的人口，创造约80%的经济，消耗超过2/3的化石燃料，排放约70%的CO_2。自2011年起，超过50%的世界人口居住在城市中。全球城市化进程依然迅猛，到2050年，全世界城市人口将新增25亿，期间平均每年城市人口将增加7000多万，其中95%来自发展中国家城市扩展。联合国前秘书长潘基文在"里约+20"峰会前夕发言时表示："能否实现全球可持续发展取决于城市"，这一观点已成为广泛共识。从某种意义上讲，我们人类能否实现可持续发展，从根本上就取决于我们能否把城市从资源环境破坏的根源，转变为全球环境挑战解决方案的提供者。

1.2 中国面临的经济、新型城市化和能源转型及其对策

1.2.1 中国经济发展模式亟待转型

目前，支撑中国高速城市化和经济增长的基础条件已经发生了变化，有四个主要现象正在发生着改变。首先，工业化和城市化快速发展带来的环境代价很大部分都外化为子孙后代的环境成本。以GDP为考量的经济增长通常被列为优先目标，而环境问题很多时候被忽略。其次，过去让中国保持产业竞争力的大量廉价劳动力也难以继续，尤其是考虑到劳动人口对社会福利和保障的需求日益增加。再次，快速城市化与城市扩张是以大量征用农村土地为基础的。这种城市扩张也将不能持续下去。最后，由于出口增速下降，曾经不断

增长的国际市场已不能成为中国经济增长的最重要动力。中国从出口驱动型经济向国内消费驱动型经济的转型已经展开。

中国自身面临着进入经济发展由高速（9%以上的GDP年增长率）向中高速（6%~7%的年增长率）转变（见图1-3），同时还在经受超常规的城市化，以及人口结构转变等重大挑战。党的十八大提出创新、协调、绿色、开放、共享新发展理念，以及"一带一路"发展倡议。与此同时，中国发展所处的外部国际环境在以美国为代表的西方国家所开展的再工业化进程和美国特朗普政府大力倡导的逆全球化政策背景下日趋不利。

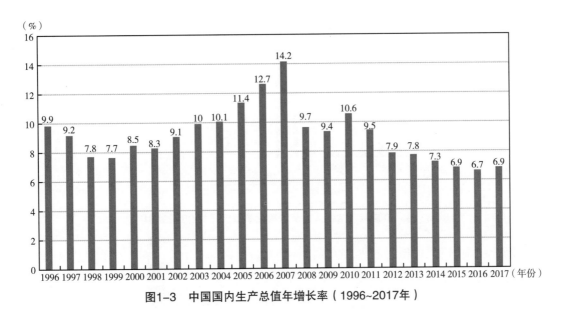

图1-3　中国国内生产总值年增长率（1996~2017年）

中国"十三五"规划确定了2016~2020年经济保持中高速增长，GDP平均年增长率保持在6.5%以上，三次产业结构优化，2020年服务业占GDP比重达到56%（而2015年为50.5%），产业迈向中高端水平，实现农业现代化，加快发展先进制造业和战略性新兴产业。

1.2.2　中国城市化进程不断加速

自改革开放以来，中国经历了人类历史上前所未有的城市化进程（见图1-4）。2018年，中国有59.6%的人口居住在城市。按照"十三五"规划，2020年我国常住人口城镇化率从2015年的56.1%上升到60%，在2030年达到70%。

中国史无前例的大规模、高速度的城市化进程也伴随着一系列"城市病"的集中爆发，包括城市人口膨胀、道路交通拥堵、资源能源短缺、生态环境恶化、城市贫困问题。"城市病"是指在一国城市化尚未完全实现的阶段中，因社会经济的发展和城市化进程的加快，由于城市系统存在缺陷而影响城市系统整体性改变所导致的社会经济的负面效应。

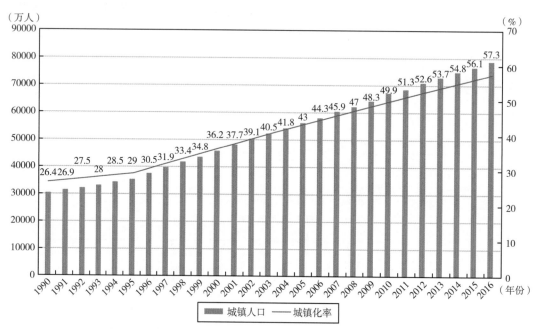

图1-4　中国城市常住人口及城镇化率演变（1996~2016年）

随着中国城镇化进程的加快，建筑能耗的总量也在逐年上升，在能源消费总量中所占的比例已从20世纪70年代末的10%，上升到近年的27.8%。据住建部科技发展促进中心此前公布的数据，城镇化率每提高1%，新增建筑用地1000多平方千米，新增建材总重量6亿吨，新增能耗6000万吨标准煤。有专家预计，到2020年，我国建筑能耗将达到全社会总能耗的40%。

1.2.3　中国能源环境转型艰难前行

伴随着经济高速增长，中国能源消费总量也从2000年的14.7亿吨标准煤，上升到2018年的46.4亿吨标准煤（见图1-5）。虽然清洁能源的占比有所增加，能源结构有所改善，然而污染较为严重的煤炭在能源消费总量中的占比从2000年的68.5%，上升到2007年最高时的72.5%，然后再逐步下降到2015年的64%（见图1-6），但仍然远远高于世界平均水平29.2%。

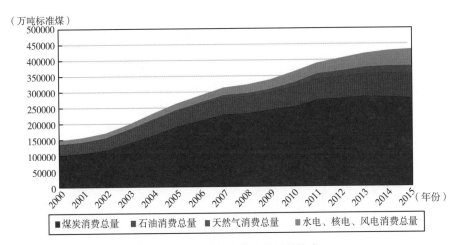

图1-5 中国能源消费总量及其构成

资料来源：国家统计局。

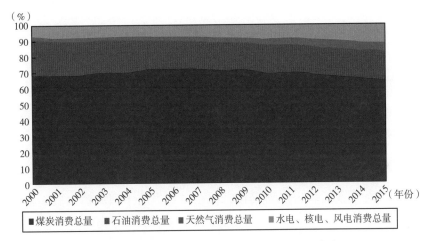

图1-6 中国能源消费结构演变（2000~2015年）

资料来源：国家统计局。

中国城市能源需求量大，供应紧张。对煤炭的过度依赖严重影响了空气质量，总的来说，可再生能源使用量普遍较少，能源利用效率普遍较低。不过，中国已在应对气候变化国家方案中承诺，到2020年将能源消费总量控制在50亿吨标准煤以内，到2030年将非化石燃料能源比例增加到20%。

同时，中国仍然面临着严峻的水污染、大气污染和土壤污染。在水污染方面，2015年，97.1%的城市集中式饮用水达到国家标准，但是61.3%的地下水受到城市污水、生活垃圾、工业废料、化肥和农药的污染，水污染约占环境污染事件的50%。当前，空气污染已经成为导致中国环境问题的主要原因，并已成为政策关注焦点。2015年，在338个地级以上城市中，有78.4%的城市空气质量未达到国家二级标准，低于世界卫生组织规定的空气质量标准。77.5%的地级以上城市PM2.5指数未达国家二级标准（见图1-7）。

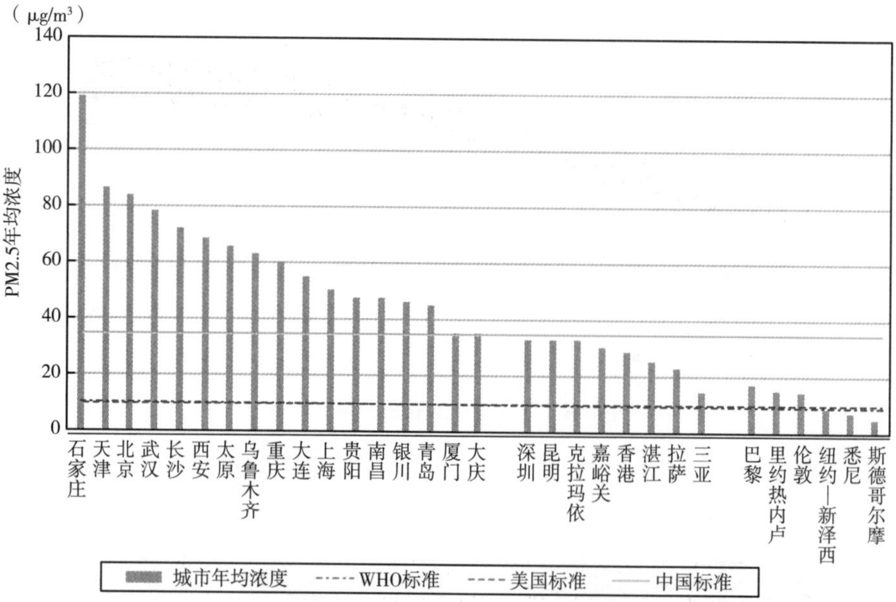

图1-7　2014年中国和发达国家城市PM2.5平均浓度和相应的环境质量标

资料来源：中国环保部、WHO, US EPA, 中国国家标准GB3095-2012。

1.2.4　中国新型城市化发展战略的提出

2014年，中国通过了《国家新型城镇化规划（2014~2020年）》（以下简称《规划》），设立了以人为本的城市规划模式，旨在应对当前中国城镇发展面临的一系列问题，如工业升级缓慢、资源枯竭、环境恶化、社会不平等及边缘化现象加剧等。新的城镇化模式将以高效率、包容性及可持续性为基础（世界银行及中国国务院发展研究中心，2016）。《规划》明确指出，所有城市应实现生态的可持续发展，同时大幅增加公共服务。

2015年，中国中央政府时隔37年再次召开高级别城市工作会议。12月18~21日举行的中央城市工作会议及中央经济工作会议为加强城市规划、建设和管理制定了指导原则。国家主席习近平和国务院总理李克强均出席会议并发言。会议提出了指导城市发展的"五个统筹"：在尊重城市发展规律的基础上，第一，统筹空间、规模、产业、提高全局性；第二，统筹规划、建设、管理，提高系统性；第三，统筹改革、科技、文化三轮驱动，提高持续性；第四，统筹生产、生活、生态三大布局，提高宜居性；第五，统筹政府、社会、市民三大主体，提高积极性。总之，城市规划的生态要求变得更加全面、深入、具体（见图1-8）。

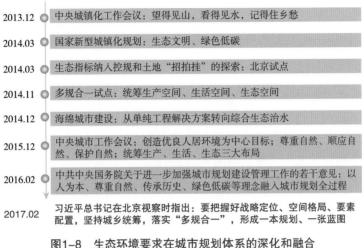

2013.12	中央城镇化工作会议：望得见山，看得见水，记得住乡愁
2014.03	国家新型城镇化规划：生态文明、绿色低碳
2014.03	生态指标纳入控规和土地"招拍挂"的探索：北京试点
2014.11	多规合一试点：统筹生产空间、生活空间、生态空间
2014.12	海绵城市建设：从单纯工程解决方案转向综合生态治水
2015.12	中央城市工作会议：创造优良人居环境为中心目标；尊重自然、顺应自然、保护自然；统筹生产、生活、生态三大布局
2016.02	中共中央国务院关于进一步加强城市规划建设管理工作的若干意见：以人为本、尊重自然、传承历史、绿色低碳等理念融入城市规划全过程
2017.02	习近平总书记在北京视察时指出：要把握好战略定位、空间格局、要素配置，坚持城乡统筹，落实"多规合一"，形成一本规划、一张蓝图

图1-8　生态环境要求在城市规划体系的深化和融合

1.2.5　中国产业园区发展所面临的挑战和新的历史责任

1984年，在邓小平同志的倡导下，党中央、国务院决定兴办经济技术开发区，并批准在沿海12个开放城市设立了14家国家级经济技术开发区（以下简称国家级经开区），这是一个影响深远的战略决策，是我国改革开放的一项历史性创举。截至目前，全国国家级经开区总数已经达到219家。

国家级经开区历经30多年的探索与实践，在绿色、低碳、循环发展中取得了很好的成效。通过创建国家生态工业示范园区、国家循环化改造示范试点园区、国家低碳工业试点园区等绿色园区，深入开展节能环保领域的贸易投资项目合作，建设国际合作生态园，不断创新绿色发展新模式，积累了大量的可示范、可推广的经验，在我国走新型工业化道路、工业领域推进生态文明建设道路中发挥着突出的引领和示范作用。

当前，我国正处在全面深化改革、扩大对外开放、推进依法治国的重要历史时期，经济发展进入新常态。2014年9月4日，全国国家级经开区工作会议在北京召开，汪洋副总理出席会议并发表了重要讲话；10月30日，国务院办公厅印发了《关于促进国家级经济技术开发区转型升级创新发展的若干意见》，2019年5月30日，国务院通过了《关于推进国家级经济技术开发区创新提升打造改革开放新高地的意见》，明确了新时期国家级经开区的战略定位、发展方向和主要任务。

国家级经开区应认识新常态，适应新常态，引领新常态，进一步发挥作为改革"试验田"和开放"排头兵"的作用，更加注重提升发展的质量和水平、发挥市场主导作用、实施差异化发展以及打造软环境，加快推进转型升级、实现创新驱动发展，成为带动地区经济发展和实施区域发展战略的重要载体，成为构建开放型经济新体制和培育吸引外资新优势的"排头兵",成为科技创新驱动和绿色发展驱动的示范区。

在新时期下,中国产业园区在引领产业转型升级、新型城市化发展、能源环境转型等方面继续具有重要的探索和示范意义。

1.2.6 新发展理念的提出与中国生态文明建设的深化

中共十八届五中全会通过的中国"十三五"规划的建议稿,第一次全面系统地提出创新、协调、绿色、开放、共享新发展理念。特别值得注意的是,创新已升到发展理念的首位。

对新发展理念的基本内涵和实践要求,习近平总书记重要讲话和"十三五"规划建议作了深刻阐述。概括起来讲,就是要深刻认识创新是引领发展的第一动力,把创新摆在国家发展全局的核心位置,让创新贯穿党和国家一切工作,让创新在全社会蔚然成风;深刻认识协调是持续健康发展的内在要求,牢牢把握中国特色社会主义事业总体布局,正确处理发展中的重大关系,不断增强发展整体性;深刻认识绿色是永续发展的必要条件和人民对美好生活追求的重要体现,坚定走生产发展、生活富裕、生态良好的文明发展道路,推进美丽中国建设;深刻认识开放是国家繁荣发展的必由之路,奉行互利共赢的开放战略,发展更高层次的开放型经济;深刻认识共享是中国特色社会主义的本质要求,坚持发展为了人民、发展依靠人民、发展成果由人民共享,朝着共同富裕方向稳步前进。

在过去几年里,绿色理念、生态目标、生态文明建设篇章在国家各项政策、法规中越来全面系统地得到体现,生态文明正逐步从理念走向实施,由表及里,逐步深化(见图1-9)。

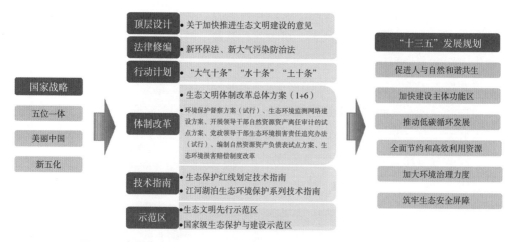

图1-9 中国生态文明建设总体理论框架以及配套政策法规体系的形成

1.3　德国经济、城市与能源环境的成功转型经验

早在18世纪初，工业革命加速了德国等西欧国家的经济发展，木材需求量大增，森林资源遭受了巨大的破坏，如何对森林资源进行合理保护和采伐成为当时亟待解决的问题。时任德国弗赖贝格矿区矿长的汉斯·卡尔·冯·卡洛维茨（Hans Carl von Carlowitz）深感问题的严重性。1713年，卡洛维茨在其专著《造林与经济》中第一次系统论述了林业可持续发展问题，提出了"可持续林业"的概念和人工造林思想，因此后被尊称为"可持续林业之父"和"可持续发展之父"。

自2002年起，德国制定了国家可持续发展战略来引导其向可持续发展的转型。2016年最新发布的德国可持续发展战略使用66个国家可持续发展目标和指标来反映德国实施联合国《2030年可持续发展议程》的进展。德国在实现"工业4.0"，城市可持续发展和能源转型等领域均处于全球领导地位。

1.3.1　德国全球制造业领导地位及其推出的"工业4.0"发展战略

"工业4.0"的概念最早是由德国工业科学研究联盟在2011年提出的。这个概念描绘了基于工业生产的数字化的智慧工厂愿景，其特征在于所有生产设备与过程的完全联网，通过信息通信技术实现实时监控，以及增加自控机器人的使用，这些发展可以较大地改善资源利用效率和提高劳动生产率。从目标上来看，德国工业4.0主要是着眼继续领跑全球制造业，保持德国制造业的全球竞争力，抗衡互联网行业对制造业的吞并。四次工业革命的演变历史如图1-10所示。

第1次工业革命
水力、蒸汽机

第2次工业革命
电力、装配线、批量生产

第3次工业革命
计算机与自动化

第4次工业革命
智能制造/虚拟物理系统

18世纪后期开始　　　　20世纪初开始　　　　20世纪60年代末开始　　　　2010年开始

图1-10　四次工业革命的演变历史

1.3.2 德国城市可持续发展的先行者

德国是欧盟人口最多的国家，也是人口密度最大的国家之一。2018年德国城市化率约为77.3%。在实现了高度城市化过程中，人口稠密的德国却并未出现巴黎、伦敦这样的超级大都市。在德国，人口超过50万的城市就被看作"大都市"。目前德国人口超过100万的城市仅有柏林、汉堡、慕尼黑和科隆，其中首都柏林作为德国最大城市人口仅约350万，其余三个城市人口也均未超过200万。与其他欧洲地区相比，德国主要呈现出多中心的城市化布局，密集型结构的城市比较少。德国多中心的城市发展形态，与德国联邦各州较大的自主权和相对独立的产业布局密切相关。各地结合自身资源禀赋发展优势产业，使全国产业资源布局相对均衡，这直接影响了德国城市化的发展轨迹。

城市化首先要决定建设什么样的城市。在这方面，德国的城市化进程走在中国前面，可以向中国提供经验。在建设城市时，就需要提早进行规划，建设绿色建筑，鼓励环保建筑材料和相关技术的研发。从经济上看，虽然初期投入较大，但长期使用能降低成本，有利于可持续发展。

1.3.3 德国作为能源转型全球领导者

德国能源转型是指其正在开展的向低碳、环境友好、可靠和经济的能源系统的转变过程。2010年德国通过法律，正式确立其能源转型目标：2050年温室气体排放水平比1990年减少80%~95%，可再生能源供应60%以上的终端能源消费。德国能源转型设立的中间目标包括2022年提前退役目前正在运行的核电站，最晚于2038年退役所有的燃煤电厂。

德国是全球可再生能源的领跑者，在政策、市场以及技术方面积累了丰富的经验。近20年来，德国致力于以可再生能源为主的能源转型，将可再生能源发展与应对气候变化相结合，促进可再生能源技术在交通、建筑、工业等重要用能领域的广泛应用，2018年可再生能源发电占全部电力消费比重已经超过40%。可再生能源发展不仅有效促进了德国经济增长和社会就业，创造了30多万个可再生能源就业岗位，也正在为德国继续推进工业4.0、电网升级以及能源互联网发展发挥着重要作用。

2000年生效的《可再生能源法》是德国能源与气候政策的核心内容。该项法律鼓励公民、企业和乡镇用可再生能源自行发电，并有偿输入电网，这样，生产者甚至可以从中获利。迄今为止，全世界共有47个国家以德国为榜样，从基本特征上采纳了这项可再生能源法。

1.3.4　德国应对全球环境问题领导地位

德国并非一直是环保模范。第二次世界大战后，与欧洲其他国家一样，德国的主要目标是推动经济发展。在1972年联合国召开首次人类环境会议前，环保并不是德国公众的关注焦点。

德国环境法律的早期变革起初是自上而下决策的。从国际来看，酸雨等环境问题开始被周边国家越来越注意。1972年，联邦德国修订后的宪法赋予联邦政府制定法律解决跨区域环境问题的权力，如大气和噪声污染、废物管理等。此外，联邦政府也能够对州一级的环境立法颁布导则，特别是水质规划和自然保护。另一项富有成效的举措是1974年联邦环境署的正式成立。随后几年，污染控制措施逐渐从健康部转到内务部，并最终在1986年，统一由"环境、自然保护和核安全部"管理。

尽管20世纪60年代和70年代初期，德国政府环境保护有了重要的变革，但受1973年OPEC石油危机的影响，政府决定大规模建设核电厂的决策还是引起了强烈反对。反对的形式包括公众主动参与环境保护和抗议核电的游行，并形成了绿色政治组织——绿党。20世纪70年代，绿党在地方和国家层面的选举中愈加成功，80年代在联邦选举中表现更为出色。德国政治文化的这一转变，引导德国开始向国际环境保护的领导地位迈进。而过去的40年间，德国主要的政党都已将绿色融入其议事日程。

德国的公众和领导人开始认识到污染和低能效将对经济、社会和环境带来高昂成本。这是向国外学习（20世纪70年代早期的例子）、价值观改变、绿党选举的成功、政治领导人和产业界接受了需要寻找经济发展新方式等共同作用的结果。

德国现任总理默克尔，曾是《京都议定书》磋商时德国环境部的部长。德国的政治和经济领导人似乎都相信，如果德国在环保、节能和清洁能源发展领域获得成功，其产业也将拥有更强的国际竞争力。

值得一提的是德国环保政策的国际影响。德国经济在世界上占有重要地位，环境政策的改动也会引发国际反响。例如，1983年德国的《大型焚烧工厂法令》，成为欧盟1988年《大型焚烧厂指令》的基础；1991年德国的《避免包装废物法令》，促成欧盟1994年的《包装和包装废物指令》；德国的温室气体减排政策占京都议定书中欧盟减排承诺的近四分之三。在环保的很多领域，德国设定了国际环境基准，并促进欧盟制订环保方案。

1.3.5　德国的坚守——工匠精神

"德国制造"并非天生高贵。德国开展工业革命的时间比英、法两国晚了30多年。由于长期分裂，德国工业化进程充满坎坷。1876年，参加美国费城世界商品博览会的德国展品被贬为价廉物劣、无人问津。1887年，英国议会甚至针对德国修改商标法，规定所有从德国进口产品均需注明"德国制造"字样，以此区分劣质德国货和优质英国货。彼时，"德国制造"犹如烙在德国人脸上屈辱的"红字"，逼其奋发图强、打响了一场为质量而斗争的百年战役。

如今，"德国制造"大器晚成，成为耐用、可靠、安全和精确的代名词，也成为宣传国家形象的金字招牌。凭借扎实稳健的制造业，德国在金融危机中挺立潮头，欧洲各国唯其马首是瞻，就连早已弃实业、投金融的英国也只能望洋兴叹。

回顾"德国制造"百年跌宕起伏，正是这种百年磨一剑的工匠精神，才缔造了德国独一无二的成功道路。

究竟何为德国工匠精神？德国工匠精神是"有志者事竟成、苦心人天不负"的坚持。全德360万企业中，92%由家族经营，规模最大的100家家族企业平均年龄超过90年，200年以上企业达837家，数量位居全球第二。这些百年老店不盲目求快、不浮不怠，坚持精益求精、久久为功，穷其一代甚至数代打造自身品牌的案例屡见不鲜。他们对所处行业有着特殊情结，即使暂时不景气，也从不轻言放弃。德国最古老的私人银行之一迈世勒银行历经300年风雨，至今屹立不倒，其企业信条即"欲速则不达"，坚持稳健第一、速度第二，不因一时一事动摇初心，注重长期规划、立足时代传承。

德国工匠精神是"凝神屏气无言语、两手一心付案牍"的专注。其一，企业秉持"术业有专攻"。据统计，全德共有1500多家特定领域的"隐形冠军"企业，占全球半壁江山，其中86%为机械制造、电气、医药、化工等关键工业企业。这些企业抓准行业"缝隙市场"，潜心深耕，以小博大，在各自领域成为"领头羊"。这些企业虽默默无闻，却是超级的利基市场占有者，拥有70%乃至100%的全球市场份额，可谓"大音希声、大象无形"。以伍尔特集团为例，该企业自1945年成立以来专注生产单一产品——螺丝，几十年如一日精雕细琢，终成无可替代的行业翘楚。其二，工匠具有"职人气质"。许多德国工匠心中对职业怀有始终如一的热爱、对产品有着止于至善的追求，他们兢兢业业、苦心钻研，力图实现"从99%到99.99%"的完美跨越。

德国工匠精神是"不因材贵有寸伪，不为工繁省一刀"的严谨。为保障产品质量，德国建立了一整套完备的行业标准和质量认证体系。自1918年起，德国工业标准化委员会共制定3.3万个行业标准，其中80%以上为欧洲各国所采纳。在行业标准的基础上，德国又建立起质量管理认证机制，对企业生产流程、产品规格、成品质量等逐一审核，确保可靠性和安全性，对消费者负责。同时，德国还针对出口产品建立事前管理、事中监控、事后处理程序，出现售后质量问题时，企业应不惜一切代价尽快解决。在无比严格的质控下，德国从生产机械、化工、电器设备，到厨房用品、体育用具，乃至一支圆珠笔都秉持"但求最好，不怕最贵"原则，严选材料、严格工序、严把质量、严格检验，每一个成品都堪称世界上最过硬的产品。

德国工匠精神是"苟日新、日日新、又日新"的创造。德国讲求"匠心",而非"匠气",反对因循守旧、闭门造车,而是孜孜不倦地追求创新。据统计,德国研发经费占国民生产总值的3%,各家族企业研发经费平均高达销售额的4.6%。德国虽非信息技术、基因工程等新兴行业先锋,却能在实际生产领域不断推陈出新,其人均专利申请数量是法国的2倍、英国的5倍、西班牙的18倍,在全球独占鳌头。究其原因,以弗劳恩霍夫研究院为代表的数百家应用科研机构填平了技术与市场之间的鸿沟,使工业领域的创新能迅速抵达终端,惠及整个行业。

德国工匠精神并非完美无瑕,其一以贯之的"慢"原则事实上是一种低风险偏好的运营思维,对已经有的,无限深挖;对新诞生的,保持警惕;对短期利益,兴趣不大。在快速消费时代和互联网浪潮中,这种思维可能使德国被"弯道超车"。而在传统实业领域,德国仍将立于不败之地。在宝马汽车公司的一家博物馆中,展出了所有车系的制造参数和说明,许多参观者惊讶于宝马泄露商业机密,而宝马给出的答案是:即使其他车厂照着做也做不出来。这种充分自信正来源于"慢"思维造就的品质极限。

1.4　中德经济技术和环境保护领域的合作前景

1.4.1　互利共赢的中德经贸合作

"中德合作是两个经济奇迹创造者的携手并进。"习近平主席在德国《法兰克福汇报》发表题为《中德携手合作造福中欧和世界》的署名文章中如此描绘两国经济关系,盛赞中德合作一直领跑中欧合作。

中德两国有着悠久的经贸往来的历史。早在19世纪末德国公司西门子、蒂森和克虏伯就开始在中国做生意。1949年,中国人民共和国和德意志联邦共和国相继成立后,经济贸易关系业已开始,但主要是民间往来。1972年10月,中华人民共和国与德意志联邦共和国建立了大使级外交关系,中德经贸关系有了正式的国际法基础。2011年,中德两国建立起总理级政府磋商机制,成为中国与西方国家之间最高级别的磋商机制。2014年,中德建立起全方位战略伙伴关系,作为我国对外关系中的最高层级,它体现了更为立体的中德关系,标志两国关系的战略性和长远性不断增强。

在经济全球化的背景下,中德两国的经贸合作已从"互补"发展到"互融",因此利益交汇和合作需求也在不断上升,在中欧关系中发挥着重要的引领作用,已成为各自在欧洲和亚洲最重要的贸易和经济合作伙伴。2016年中国成为全球最大贸易伙伴,2018年之中德双边贸易额达1993亿欧元。中国是德国最大进口来源国和第三大出口目的地国。德国也是欧盟对我国实际投资最多的国家，截至2018年，德国大众、西门子、巴斯夫、拜耳和中小型公司在华投资项目超过9000个，累计投资额近300亿美元，是欧盟28国对我国投资总额的近四分之一。与此同时，中国企业对德投资迅速发展，迄今已有2000多家中国企业落户德国。

中国是正处在经济转型中的发展中大国，是一个拥有近14亿消费者的庞大市场。德国是技术和创新能力全球领先的现代工业国家。在能源转型、新材料、环境保护、信息科技和基础设施等领域，双边合作具有广阔的空间，是最佳合作伙伴。

近年来，中德双边关系保持健康稳定发展，双边高层频繁互访。在此背景下，中德经贸关系"全方位、多层次、宽领域"的合作格局不断强化，进入了"快车道"和"提速期"，已经成为双边关系的"压舱石"和中欧经贸关系的"领头羊"与"排头兵"，成为两国经贸发展的新动能！

1.4.2　德国"工业4.0"与"中国制造2025"携手并进

2014年3月，习近平主席访德，中德两国确认发展互利的创新伙伴关系。同年10月，两国共同签署发表《中德合作行动纲要》，将2015年确定为"中德创新合作年"，约定在新型工业化、信息化、城镇化和农业现代化等"新四化"以及教育、环保、交通、社会保障等领域实现创新合作，重点围绕"工业4.0"开展合作。2015年10月，德国总理默克尔访华期间，两国宣布，将推进"中国制造2025"和"德国工业4.0"战略对接，发展"中德智造"，明确负责双方开展该领域合作的牵头部门，欢迎两国企业在该领域开展自愿、平等的互利的合作，共同推动新工业革命和经济发展，达成双赢。德国是传统制造业强国，其制造业是国民经济乃至欧盟经济的支柱，产值规模占德国GDP总量的20%以上。其机械和装备制造业的研发投入、自动化水平及产品质量全球领先，目前已经基本实现了工业3.0，大部分企业都处在向4.0发展的阶段；中国是制造大国而非制造强国，发展基础薄弱，在自主创新能力、能源利用效率、产业结构和产品质量等方面仍与发达国家存在较大差距，大部分企业处于2.0~3.0的发展阶段，但中国具有庞大的制造业市场和广泛的制造业基础。可见，中德制造业具有很强的互补性，优势互补是实现共赢的关键。

中德两国可以在"工业4.0"与中国制造2015合作、可持续城市化以及先进能源/环境技术产业发展方面开展广泛的互惠互利的合作前景。特别是可以通过双边合作建设生态产业园，来对技术、融资、市场开拓和标准等内容开展深入合作。

1.5　中德生态园诞生的背景与历史使命

2010年7月，在中德两国总理的见证下，中国商务部与德国经济和技术部签署了《关于共同支持建立中德生态园的谅解备忘录》，确定在青岛经济技术开发区合作建立中德生态园。

2011年3月完成选址。中德生态园设立以来，备受两国政府关注，两国领导人先后在5次互访中谈到中德生态园项目，表示"中德生态园是中德双方精心培育的利益共同体，是中德合作的典范"。

1.5.1　中德生态园诞生的国家背景

21世纪以来，中德经济关系大体保持平稳、良好的发展。截至2018年年底，中国已经成为德国全球第一大贸易伙伴、第一大进口来源国和第三大出口目的地国，以及亚洲地区最大的贸易伙伴。德国也是近年来对华投资最多的欧盟国家、对华技术转让最多的欧洲国家，以及向中国提供政府贷款和无偿赠款最多的欧洲国家。目前，贸易是中德两国经济关系中最大的合作领域。

中德合作进入新阶段

2014年，中德战略合作宣言。2014 年 3 月，国家主席习近平访德期间与德国总理默克尔确立了中德全方位战略伙伴关系。2014 年 10 月，李克强总理与默克尔总理在柏林举行第三轮中德政府磋商，共同发表《中德合作行动纲要：共塑创新》，创新成为两国合作的重要内容。

2018年习近平主席会晤默克尔总理时强调："中德两国要做合作共赢的示范者、中欧关系的引领者、新型国际关系的推动者、超越意识形态差异的合作者。"

1.5.2　山东与德国巴伐利亚州悠久交往历史

德国巴伐利亚州（以下简称"巴州"）是欧洲硅谷，山东省是巴伐利亚州在欧洲地区以外拥有最长合作历史的伙伴省。1987年7月，山东省政府代表团访问巴州，双方共同签署了《山东省与巴伐利亚州建立友好省州关系的联合声明》，标志着两省州之间的友好合作伙伴关系正式确立。鲁巴之间全方位、宽领域、多层次的友好关系，已被公认为中德地方友好关系的典范。纵观山东与巴州友好合作的历程，在政府间密切联系推动下，经贸合作占有非常重要的地位，同时文化教育、卫生医学、环保能源等领域的往来与合作也在深化。

1991年7月，山东省政府代表团访问巴州，出席山东省在慕尼黑举办的第二届经贸展览会，并与巴州州长施特莱伯尔就双方的合作与交流进行了会谈。1993年9月底至10月初，巴州副州长兼教育文化科学艺术部部长汉斯·蔡特迈耶尔率教育及赛德尔基金会代表团访问山东，双方就教育、文化、科学、艺术方面的合作与交流进行了会谈，并就公务员培训及建立德语系项目达成了共识。1994年3月底至4月初，巴州经济交通部部长奥托·威斯豪耶博士率经济代表团一行36人访问山东，双方探讨了进一步加强经济技术方面的合作问题。

1994年6月，山东省友好经济代表团访问巴州，双方共同签署了《关于进一步加强和扩大友好合作关系的会议纪要》，进一步推动了双方的友好省州关系。1994年10月，山东省在慕尼黑举办第三届经贸展览洽谈会，并取得重大成果。1994年，两省州及其高校通力合作，在青岛大学建立德语系，为山东乃至中国培养了大批德语人才。

1995年4月，巴州政治及经济代表团访问山东，山东省政府与对方签署了《关于进一步发展和深化伙伴关系的会谈纪要》。1997年10月，巴州经济交通部部长奥托·威斯豪耶博士在济南宣布成立了巴州山东办事处。

2000年10月，应巴州州长施托伊伯尔邀请，山东省政府代表团对巴州进行了正式友好访问和经济考察，代表团在慕尼黑举办了"山东—德国经贸合作洽谈会"。2001年，巴州部长威斯豪耶率领的巴州政府代表团访问山东。2002年，应巴州州长邀请，山东省政府代表团参加在慕尼黑举行的五国友城首脑关于"可持续发展政策"的大会。2004年10月巴州山东办事处迁至青岛，2011年办事处更名为巴州中国代表处。

2007年是山东省与德国巴州缔结友好合作关系20周年。为了让德国进一步了解山东省的历史文化和经济社会发展成就，深化两省州的友好关系，拓宽政府和民间交流渠道，搭建起更大的合作平台。7月，山东省在巴州成功举办了"山东周"系列活动。

2008年，在山东举行的第四次友好省州领导人峰会期间，巴州在济南第一次举办高能效建筑设计与施工展览会，推广先进的节能环保理念和技术。2010年4月，德国前总理施罗德先生、德国巴州州长泽霍夫来青岛出席能源论坛，这次新能源论坛暨中德企业合作发展峰会上，鲁巴在新能源和可持续发展方面取得共识。

2012年11月，巴州经济、基础设施、交通和技术部国务秘书卡提雅·海瑟尔女士率巴州代表赴山东访问，与山东省政治、经济、社会等各阶层代表共同庆祝鲁巴结好25周年。

2016年7月，山东省政府代表团访问德国，出席了第八届七国省州长慕尼黑峰会，考察了西门子、大陆集团、空客直升机德国公司等世界知名企业，在慕尼黑举办山东—巴伐利亚工商界交流会。

2018年11月，山东省政府代表团访德，举行山东—巴伐利亚州产业合作交流会及山东省文化旅游推介会，山东省—巴伐利亚州中小企业合作平台揭牌。

1.5.3 青岛的德国历史渊源

青岛，是一座个性鲜明、风情独特的城市，同时又有着属于自己的文化。1994年国务院批准和公布了我国第三批历史文化名城名单，青岛市榜上有名。作为一座仅有百余年历史的近代城市入选历史文化名城的原因，则是由于青岛集中凸显了近现代中国城市发展的轨迹。作为近代欧亚文化的交汇区，青岛具有独特的文化内涵和底蕴。

1898年，德国人主导完成了青岛第一份规划的编制，由此开启了青岛城市发展的进程，也造就了这座东方最具德国风情的城市。1897年起，德国人开始营建青岛港，直到1914年第一次世界大战战败，这段时间正是德国的青年风格派在德国以及欧洲的鼎盛时期。青岛至今仍存有这种德国风格的建筑360余座，如德国胶澳总督府、圣弥爱尔天主教堂、青岛提督楼、德国胶澳警察署、青岛基督教堂、德国领事馆、二提督楼、鱼山路5号、俾斯麦兵营旧址、亨利王子饭店等，都是典型的德式风格建筑。德式建筑是青岛建筑的特色，今天它们已经成为青岛的标志性建筑，吸引着无数建筑艺术爱好者的目光。

在德式建筑集中的青岛老城区，住宅建筑深受德式风格的影响，造就了老城区大量红瓦建筑的出现，这成为青岛市的一道景观，山、海、城，景色浑然一体，红瓦绿树碧海蓝天交相辉映，交织出闻名中外的风景旅游胜地和最适宜人类居住与发展的区域之一，使青岛这座城市以"红瓦绿树碧海蓝天"为主要标志而闻名世界。

德国人在设计建造青岛老城区时，采用了当时典型的德式建造特色——红色瓦顶，坚固墙体。德国人在老城区修建的地下排水系统，至今仍发挥着重要作用，青岛也成为中国国内第一个引入地下排水系统的近代城市。

100多年前的渔船泊站经德国人扩建，桥面增铺轻便铁轨后成为青岛近代首个装卸码头。

信号山南麓的迎宾馆是由德国建筑师设计的德国总督官邸旧址，是青岛别墅建筑的独特代表，内有一架德国国宝级博兰斯勒钢琴，在这里可以聆听来自莱比锡的琴声。漫步大学路，"工"字形的德式建筑，具有浓重的欧洲中世纪街市建筑装饰格调，为俾斯麦兵营旧址。

1903年，德国牧师卫礼贤创办青岛第一所新式学校礼贤书院，是青岛第九中学的前身。书院设立德文专修科，编纂完成我国教育史上最早的中学德语教材，首次在青岛引入数学学科和西方的科学实验，培养了优秀的新式人才。作为汉学家，卫礼贤创建了青岛历史上第一个现代图书馆"尊孔文社藏书楼"，融汇国学典籍和外文经典，并翻译完成了诸多国学典籍《易经》《论语》和《孟子》等。卫礼贤通过青岛发现了中国，青岛通过卫礼贤开启了新式教育。现在这所学校在中德生态园得以扩建，延续着中德教育交流的文脉。1909~1914年，中德两国于青岛共同创立德华大学。作为青岛特别高等专门学堂，支持中国青年学习西方科学知识。孙中山先生曾高度评价其是"一个成功的范例"，对青岛现代高等教育影响深远。

青岛的德国印记之最深入人心，当数青岛啤酒。青岛啤酒是由德国商人和英国商人合资在青岛创建，历经100多年的发展，享誉中外，现为世界六大啤酒厂商之一。

其实，德国印记还保留在青岛的方言中，存在于人们生活的方方面面，这些元素不再仅仅是舶来品，而是与当地文化互相融合，成为这座东方最具德国风情的城市的独特气质。

1.5.4 青岛西海岸新区的诞生

（1）新区介绍。

2012年9月30日，国务院批复同意撤销青岛市黄岛区、县级胶南市，设立新的青岛市黄岛区。2014年6月3日，新区获得国务院批复，成为第九个国家级新区，同时也是2014年1月国务院出台《新区设立审核办法》后批复的第一个新区。新区陆域面积2128平方千米，海域面积5000平方千米、海岸线330千米，辖23个街镇、1228个村居，总人口200万。2018年，完成地区生产总值3517亿元，总量位列国家级新区前三强。

（2）综合优势。

一是区位条件优势。新区位于京津冀都市圈和长江三角洲地区紧密联系的中间地带，是沿黄流域主要出海通道和亚欧大陆桥东部重要端点，具有辐射内陆、连通南北、面向太平洋的战略区位优势。

二是海洋科技优势。新区集聚了中船重工711所、702所、725所、电子41所等科研机构300余家，其中国家级科研机构33家。新区拥有9所高校，在校大学生15万人，各类人才近40万人，其中驻区院士和项目合作院士达到31人、中央"千人计划"23人。

三是国际航运优势。青岛港是世界第七大港口和我国五大外贸口岸之一，与180多个国家和地区的700多个港口建立贸易往来，建有国家原油战略储备基地，全国重要的铁矿石、原油、橡胶、棉花等战略物资中转基地，中国北方最大石油液化天然气接收基地，在我国对外开放和战略物资运输保障体系中具有重要地位。

四是产业集聚优势。新区是我国重要的先进制造业基地和海洋新兴产业集聚区，培育形成了航运物流、船舶海工、家电电子、汽车工业、机械装备、石油化工六大千亿级产业集群。

五是政策环境优势。新区集聚了青岛经济技术开发区、青岛前湾保税港区等多个国家级园区，是全国国家级开发区数量最多、功能最全、政策最集中的区域之一，园区集聚、政策叠加的创新开放优势突出。青岛成功创建国家级生态示范区，是首批国家级生态保护与建设示范区、中国优秀旅游城市、国家环保模范城市、全国绿化模范城市，荣获中国人居环境范例奖。

（3）西海岸新区功能定位。

根据国务院批复，国家赋予青岛西海岸新区的使命和要求，概括起来就是"一个主题、两项使命、五大定位"。

"一个主题"：即以海洋经济发展为主题，打造海洋强国战略支点。

"两项使命"：即发挥好新区的两个作用，为探索全国海洋经济科学发展新路径发挥示范作用，为促进东部沿海地区经济率先转型发展、建设海洋强国发挥积极作用。

"五大定位"：即建设"四区一基地"，海洋科技自主创新领航区、深远海开发战略保障基地、军民融合创新示范区、海洋经济国际合作先导区、陆海统筹发展试验区。

根据国务院赋予的功能定位，确定新区发展总体思路是：承接新战略、培育新产业、建设新城区、探索新机制。

1.5.5　中德生态园所肩负的历史使命

中德两国政府赋予中德生态园所承载的使命：突出中德合作，探索可持续、可复制、可推广的生态特色园区（见图1-11和图1-12）。

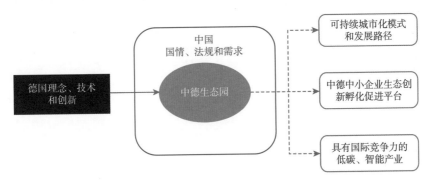

图1-11　中德生态园在技术创新和可持续城市化途径探索和示范作用

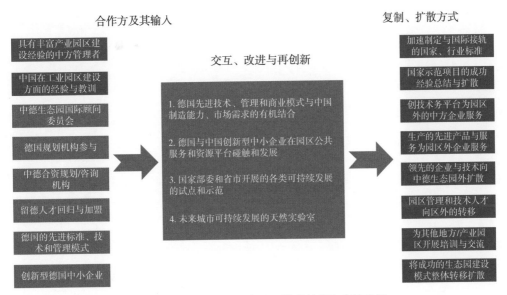

图1-12　中德生态园在产业、技术转移和交流途径

25

中德生态园所需要实现的目标包括：

- 未来可持续城市发展实验室；
- 新型绿色产业的孵化器；
- 中德互利合作示范区；
- 中德人文交流的新平台。

商务部前部长高虎城评价："目前，两国在青岛共建中德生态园进展顺利，中方希望将生态园合作的模式推广到其他国家级经济技术开发区。"前驻德大使卢秋田表示："中德生态园作为新时期中德两国交流的平台、合作的桥梁、感情的纽带，体现了中德合作的新理念、新模式、新机制、新速度。"

2017年2月，中国驻德国大使史明德在参观中德生态园后评价："据我所知，全国各个地方以中德冠名的园区不下十几个，我看了以后，对中德生态园前景最看好。因为这里有德国的情结、德国的特色、德国的标准。"

名人评价

　　"中德生态园取得一个非常好的进步。我觉得这种进步，不仅代表青岛这座城市的一种成就，而且是中德关系的一个喜讯。中德生态园现在已经有了一个很好的发展基础，希望有更多的德国企业来到中德生态园落户，尤其是可持续发展，把生态、环境非常好的结合在一起，应该大力推广。中德生态园是（中共）十八大精神非常好的实践者，表明不止要注重量的发展，更要注重质的发展，注重经济和环境的均衡发展。"

——德国前总理施罗德 2017 年 2 月实地考察中德生态园后向媒体表示

第2章　中德生态园发展理念、愿景和指标体系

中德生态园在其规划建设期取得有效进展的一个重要原因就是确立了园区清晰的发展愿景，并从整个园区持之以恒地加以实施，同时园区率先编制了40项指标组成的生态指标体系（2012），为中德生态园的建设初期的目标提供了明确的发展目标。在这个指标体系运行了5年时间后，中德生态园对指标体系（2012）开展了科学、严谨的评估。在此基础上，中德生态园进一步建立了力争成为世界一流园区的指标体系2.0。

自2012年中德生态园正式选址以来，中德生态园发展经历了两个阶段（见图2-1）。本章重点介绍中德生态园的愿景目标、发展目标和指标体系的演变过程。

图2-1　中德生态园两个阶段情况对比

2.1　中德生态园发展理念和愿景

中德生态园是我国实施的第一个中外双边合作生态园，没有先例可循，一切需要自我探索。在建设初期，园区建设者面临一系列困惑：第一，中德生态园如何有效地开展与德国的合作？第二，中德生态园未来到底是什么样的？第三，中德生态园未来的主导产业是什么？

从理论上讲，中德生态园的可持续发展，就是在创新、协调、绿色、开放和共享新发展理念的指导下，建立政府、企业和居民多元参与的合作治理模式，运行一个自我纠错、持续改进的综合管理体系，培育与发展创新型绿色产业集群，进而实现以田园环境、绿色发展、美好生活为特征的园区可持续发展。

中德生态园在充分借鉴我国30多年开发区建设的成功经验基础上，开展了在国际刚刚

兴起的第3代园区建设的探索。中德生态园采用了在管理委员会领导下、国际高级顾问委员会的指导下，实行园区建设运营独立平台公司和市场化的招商体制。2013年，中德生态园建立了"生态、智慧改善生活，开放、融合提升品质"的发展愿景，编制了含40项指标的综合性生态指标体系来引领园区的规划、建设和运营。中德生态园已经在知识产权保护、标准体系建设、依法行政、环境信用体系建设等方面，形成了鲜明的特征和开展了卓有成效的探索。

　　培育优良的生态环境是中德生态园得以开始的初衷，也是园区建设发展始终必须坚持的一条底线。本章重点介绍中德生态园如何开展资源环境的保护，以取得园区可持续发展的。

　　中德生态园肩负着从根本上探索一个避免先前通行的先污染、后治理的发展模式，成为实现习近平总书记所提出的"绿水青山就是金山银山"的践行者、落实者和杰出案例。这具体表现在中德生态园在取得巨大经济发展和社会进步的同时，保持下列三个条件：第一，在发展过程中，园区环境质量不发生退化，基本处于改善的状态；第二，关键的自然资源和生态系统功能在发展过程中没有破坏，总体状态逐步改善；第三，优美的田园环境与良好的环境质量成为中德生态园的核心竞争力之一。

　　中德生态园在实施上述经济发展模式转变方面，具体做法是：第一，开展资源环境本底调查，以及经济活动空间适宜性分析，识别与展示中德生态园最重要的生态环境资产，加以充分保护；第二，在中德生态园指标体系的统领下，开展全面的绿色规划，将生态绿色发展理念应引入城市规划的整个系统；第三，中德生态园还建立一套行之有效的机制，将生态、绿色发展纳入整个园区建设管理全过程；第四，建立一个规划实施效果的监测与评估系统，以便生态园可持续发展管理实现自我纠错、持续改进功能。

　　中德生态园的一个重要特色就是：在充分保护原有地貌、生物多样性、地方文化资源的前提下，中德生态园作为一个可持续城市发展实验室，促进政府、企业和居民之间伙伴关系，开展海绵城市、智慧社区、分布式能源体系、绿色交通体系、可持续生活方式等领域的探索，推进生态、低碳社区的建设实践。

2.1.1　中德生态园可持续发展理念

　　自20世纪下半叶开始，在经济快速增长的同时，全球生态环境问题在学者、环保人士的大力呼吁下开始得到国际社会的重视。在自然资源的保护与其被开发之间的冲突下，可持续性（sustainability）或可持续发展（sustainable development）概念应运而生。在众多的定义中，被广泛引用的是1987年联合国环境与发展报告中的定义（见专栏2-1），可持续发展是"满足当代人类的需求而不损害子孙后代满足他们自己需求的能力"。

专栏 2-1 可持续城市的定义

作为可持续发展重要组成部分的可持续城市具有下列权威定义：

- 欧洲环境署（European Environment Agency）列出促使城市可持续的五个目标：尽可能减少空间与自然资源消耗；合理有效管理城市流；保护城市居民健康；保障资源与服务的公平共享；保持文化与社会多样性。

- 联合国人居署（UN-Habitat）认为：人居的可持续发展结合了经济发展、社会进步和环境保护（在此过程中尊重所有人的权利与自由，包括发展的权利），基于道德与精神层面，提供一种促使世界更加稳定与和平的方式。在社会各界倡导民主，尊重人权，建立透明的、代表制的与可信任的政府，并且市民能够有效参与其中。

- 联合国人居署在另一篇报告中指明可持续城市的四大标准：居民生活质量，包括贫困程度、社会排斥及融合现象、社会政治的稳定；不可再生资源使用的程度，包括废物循环与重复使用程度；可再生资源使用的程度，包括需求在合适程度上的供应，如淡水资源和更广义的生态足迹；由生产与消费活动产生的不可再利用废物的多寡及其处理方式对人体健康和自然系统产生影响的程度。

- 欧盟委员会（European Commission）针对欧洲城市采用如下可持续城市定义：可持续发展是将基础的环境、社会与经济服务传递给住区内所有人，而不损害这些服务所依仗的自然与社会系统的活力。

- 联合国人居署与联合国环境规划署认为：可持续城市是城市中社会、经济与环境的持续发展，它拥有发展所依赖的环境资源的持续供应，在使用资源时要可持续开发。可持续城市对有可能威胁发展的环境灾害保持有效预警，只允许可接受程度的风险。

中德生态园，作为一个"经济—社会—环境"复合系统，其可持续发展需要实现：

- 自然环境生态、多样，即充分尊重自然，保护和改善环境，建立经济社会与自然环境和谐的生态格局，充分保护生物多样性、自然生态系统、原始地形风貌等，作为生态园核心竞争力之一。

- 经济发展的绿色、低碳，即朝着实现经济发展与化石能源消耗和温室气体排放脱钩努力，提高碳生产率，使城市经济发展在低碳、绿色、循环模式上运行，采取政策、技术、市场和社会多种干预手段，真正实现产业的低能耗、低污染、低排放和高效能、高效率、高效益。

- 社会生活幸福、美好，使社区居民在"自然—经济—社会"复合生态系统中的幸福感受度不断提高。可持续发展是对提高和保持生活质量的追求，为所有居民提供最大化的包容性福祉。

就中德生态园的可持续发展而言，优良环境是优先条件，绿色产业是实现途径，美好生活是根本目标。这只有在政府、企业和公众等多元主体共同参与有关的决策和实施，积极开展合作才能加以实现。

从实现路径上讲，中德生态园可持续发展的基础手段就是设法减少"经济—社会—环境"子系统之间的矛盾冲突，并尽量扩大各子系统之间的协同与互补。中德生态园可以采用的一些方法举措汇总于表2-1。

表2-1　　　　　　　　　　中德生态园可持续发展的基本方法举措

	环境与经济	环境与社会	社会与经济
消除矛盾与冲突	加强企业准入的环境底线控制和企业运行阶段环境管理，确保把生产活动的资源环境代价纳入企业内部	开放、包容性社区与公共服务设施——消除公共服务的差别化，减少低收入居民过度受到环境污染的影响	为弱势群体提供技能发展与就业机会——发展包容性经济
增强协同与互补	发展绿色、生态产业集群；把园区生态环境保护作为创新的技术、产品、服务、系统以及标准的试验示范，促进其商业化和向园区外扩散	增强居民环境保护与公众参与意识，形成政府、企业和公众的多元环境治理模式；优良的环境质量作为园区社会质量和吸引力的核心要素	文化产业作为新兴经济增长点；良好的社会资本成为区域经济增长的重要要素；智慧社区/绿色建筑建设成为园区主导共识

建设工业园在世界很多国家，特别是发展中国家的经济发展中发挥了重要的作用。目前，全球开发区的发展正在从所谓的第1代工业园，经历了第2代产业园，向刚刚兴起的第3代产业园——生态产业园转型。

第1代工业园多为出口加工型园区，多为我国改革开放初期的"三来一补"，目标主要是促进出口和吸引外商直接投资，通常享受税收减免优惠用来增强出口竞争力，由政府出资，地处单独关税区，与国家的其他部门和政策缺乏联系和协调。

第2代产业园试图减少第1代开发区在空间位置以及制度上的孤立，多为综合性的、多行业和多功能的开发区，往往形成一定程度的产业集群，除了出口市场外也面向国内市场，注重国家发展战略和政策的联系，开展政府与社会资本伙伴关系（PPP）。在监管的政策法规方面，更加全面和有效，多遵守普遍的劳工与环境标准（见图2-2）。

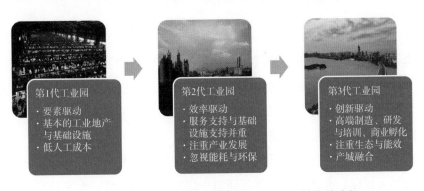

图2-2　从第1代工业园区向第3代工业园区转变的路径

在刚刚兴起的第3代园区采用综合发展战略，特别重视把不同的活动联系起来，来扩大协同作用，提高效率，开发区运作有多个组成部分，如生态保护与培育优先、基础设施和投资、后勤与物流、土地利用和城市规划、环境和社会保护、教育、贸易和投资等。不同的活动有不同的管理部门，例如，物流属于交通部门管理，而绿色增长属于环保部门的职责，第3代园区强调这些子系统之间的协调与配合，以便取得更高的园区总体效率。不仅生产出口产品，其目标还包括投资促进、减低生产成本、创造收入和就业机会、减少对不可再生能源的依赖、提高生产率、促进可持续社会经济发展、建立与全球价值链之间的联系等。第3代园区从一开始就是生态产业园区，有关特征包括可再生能源广泛应用、节能技术措施、民用与工业绿色建筑、废物回收循环、产业共生、清洁技术研发、示范和推广等。

中德生态园努力在第3代园区发展领域进行探索。在可持续发展理论的指导下，中德生态园发展的理论指导框架可以归纳为图2-3。

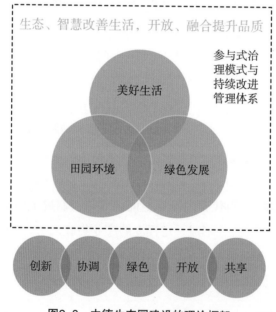

图2-3　中德生态园建设的理论框架

从本质来讲，中德生态园的可持续发展就是在创新、协调、绿色、开放和共享新发展理念的指导下，建立政府、企业和居民多元参与的合作治理模式，运行一个自我纠错、持续改进的综合管理体系，培育与发展创新型绿色产业集群，进而实现以田园环境、绿色发展、美好生活为特征的园区可持续发展。

正如城市总体规划首先需要明确城市总体功能定位，生态园的规划与发展也需要确定生态园建设的愿景目标，也就是回答下列问题：10年或者20年后，大家希望建成一个什么样的生态园?

达成一个获得广泛支持的生态园愿景发展目标十分关键,这是促进参与中德生态园建设的各利益相关者达成共识的基本途径。生态园的愿景目标不能由编制生态园区规划的专业人员来确定,也不应是园区高层管理者的独行,而应该让园区主要利益相关者共同来确定。这样做可以凝聚园区主要利益相关方的共识,使其对生态园建设有更大的责任感和主人翁态度。

制定好的生态园建设愿景目标,既需要考虑当地的资源禀赋、环境背景和产业技术发展水平,同时也需要有想象力和勇气去因地制宜制订一个有别于其他园区的愿景目标。确定各方认同的愿景目标可以为生态园的长期发展提供明确的目标导向,不会因为短期工作重点的改变,而轻易迷失了中德生态园长远发展的方向。

在策划初期(2011~2013年),中德生态园的发展定位与规划目标是:作为中德两国政府共同打造的具有可持续发展示范意义的生态园区,中德生态园将建设成为彰显中德合作的国际园区;倡导低碳环保的生态园区;促进产业转型的示范园区;推动研发创新的智慧园区;引领绿色生活的宜居园区;实现持续发展的活力园区。

在2013年中期,发展愿景需要从上述较为复杂的六句话,变得更加容易理解和记忆,因而改变为:"生态、智慧改善生活,开放、融合提升品质"。在2015年,中德生态园的主要实施路径进一步总结成为:田园环境、绿色发展、美好生活。

2.2　中德生态园指标体系 (2012)

中德生态园的建设是一个复杂、曲折和不断演进的过程。通过对城市发展背景的需求分析,制订一套能量化、有特色的指标体系,细化城市发展方向。结合指标体系实施的需求,整合城市发展的各项规划,明确政府、企业、公众与公共组织在城市发展中的职责。在指标体系的指导下开展战略实施,将指标体系贯穿规划、建设、运营的全生命周期。打造"三个体系一个平台",以指标体系为核心,以管理体系为保障,以技术体系为支撑,建立监测评估平台。并在实施过程中及时对指标体系进行反馈修正,结合城市运营的具体效果,调整完善指标体系,同时调整城市规划。不断加强指标体系的实施,逐步形成中德生态园的发展模式(见图2-4)。

根据中德两国政府在合作备忘录中对于合作开发中德生态园的有关标准的规定,在规划编制前,中德生态园立足"生态、示范"两个关键因素,提出建立量化的指标体系(见图2-5),通过指标体系的实施促进环境与社会、资源与经济四维平衡发展。

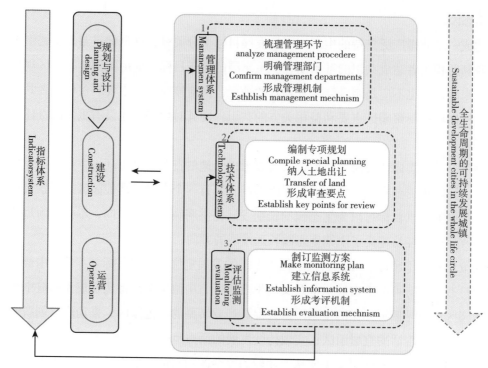

图2-4　中德生态园指标体系全生命周期管理模式

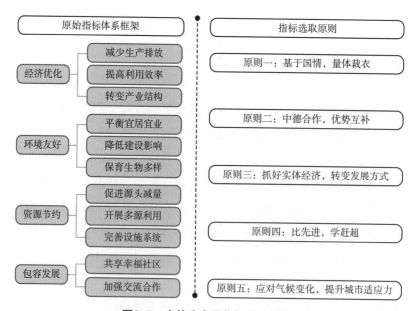

图2-5　中德生态园指标体系框架

指标体系编制五原则：

（1）基于国情，量体裁衣：在指标选择过程中，基于国情、市情因地制宜，借鉴国际先进经验，以及国家、地区的重要政策与发展目标，保证指标体系与上级政策、规划相符合。

（2）中德合作，优势互补：通过分析中德两国在合作领域的各自发展特点，取其优势加以发扬，引导中德生态园真正实现两国在优势互补的基础上，优质、高效、快速、健康发展。

（3）抓好实体经济，转变发展方式：吸取德国应对金融危机、欧债危机的经验，重视实体经济的发展，同时加速转变经济发展方式，发展低能耗、低污染、高产出的新产业。

（4）比先进，学赶超：指标体系的编制考虑园区自身发展条件，吸纳区域规划建设的先进理念，克服过去园区发展模式的不足。

（5）应对气候变化，提高城市适应力：全球气候变化使城市的健康发展面临严峻挑战，指标体系应引导园区加强软件条件（社会环境）、硬件条件（基础设施、资源利用方式）的建设，增强园区的适应力。

在园区建设之初，依据指标体系编制五原则，研究编制了青岛中德生态园指标体系，确定了40项指标体系，包括31项控制性指标和9项引导性指标，其中控制性指标分为经济优化、环境友好、资源节约及包容发展4类，包括8项国内首次提出的青岛中德生态园特色指标。

经济优化类指标的设置突出"绿色、生态、环保"理念，促进园区经济高质量发展。在减少生产排放方面，要求2020年单位GDP碳排放强度达到180tCO$_2$/百万美元，成为世界低碳发展的示范；还从清洁生产、单位工业增加值COD排放对企业提出要求。在提高利用效率方面，提出工业余能回收利用率、工业用水重复利用率等三项指标，对工业的能源、水资源利用效率提出强制性要求。在转变产业结构方面，学习德国"莱茵模式"重视中小企业发展的经验，参考OECD、欧盟的中小企业政策指数（SME Policy index），建立企业审批成本、政策环境、就业技能培训、电子商务平台、企业融资渠道"五维度评分机制"，评价园区中小企业发展环境；要求2015年研发投入占GDP比重2015年超过3%。

环境友好类指标围绕打造环境友好型园区，建设宜居宜业环境，实现人与自然的和谐。在平衡宜居宜业方面，首次提出室外光污染的量化目标，并对园区噪声、地表水环境质量、人均公园绿地提出要求。在降低建设影响方面，学习德国绿色建筑的相关理念，注重对原有绿地、道路、汇水区域的保护；实现100%绿色施工，控制施工的环境污染和资源消耗。在保育生物多样方面，至少30%的绿化树木为鸟类食源树种，保证动物生存环境。

资源节约类指标围绕国家节能降耗、低碳发展的总体战略，在保证产业高速发展的同时，从多个领域构建资源节约社会。在促进源头减量方面，借鉴德国在DGNB和被动式建筑方面的先进经验，建立中德生态园自己的绿色建筑评价标准，要求园区所有建筑均为绿色建筑；设置日人均生活用水量、人均生活垃圾产生量指标，鼓励居民源头减量；提出建筑合同能源管理率指标，引导园区创新能源管理模式。在开展多源利用方面，积极寻求区域合作，考虑利用现有电厂的工业用气、海水源热泵能能源，同时建设高效的能源系统，建立泛能网，实现对园区能源生产、输配、使用的智能化管理，分布式能源功能比例超过60%，可再生能源使用率达到15%。在水资源利用方面，通过中水回用、海水淡化、雨水利用等，保证非传统水资源利用达到50%以上。同时，在园区建立垃圾综合管理体系，促进垃圾回收利用。关于完善设施系统，在交通出行方面，以组团方式打造10分钟步行圈，普及自行车、电动公共汽车、轨道交通等出行方式，绿色出行达到80%；在智能监管方面，充分利用计算机技术，对建筑的能源、水消耗以及市政基础设施的运营状态进行全方位监控、利用，引导园区向智慧城市发展；在市政管网方面，要求各种市政地下管线与道路同步规划、立项、施工、验收、移交管理，竣工验收投入使用后开挖年限间隔不能低于五年。同时，通过废弃物收集、运输和最终处置设施的建设，保障危废及生活垃圾完全无害化处理。

包容发展类指标关注民生问题，在园区高速发展的前提下，保证居民可共享发展成果，并通过中德交流合作，提高园区劳动者素质。在共享幸福社区方面，受联合国全球幸福报告的启发，提出民生幸福指数，考察居民在社区治安、环境卫生、邻里和睦、生活便利、活动多彩五个领域的幸福感。同时，通过保障性住房建设、保障本地居民社会保险全覆盖、公共服务设施和绿地的合理布局让社会发展的成果普惠广大群众。在加强交流合作方面，通过论坛、会展、博览会等形式，开展丰富多彩的中德交流活动。并引入德国在职业培训方面的经验，建立园区职业教育培训体系，为园区社会经济发展提供有力的劳动力储备支持（见表2-2）。

表2-2　　　　　　　　青岛中德生态园指标体系（2012）

类别	一级指标	二级指标	序号	指标值（2020年）
经济优化	减少生产排放	单位GDP碳排放强度	1	≤180tCO_2/百万美元
		企业清洁生产审核实施及验收通过率	2	100%
		单位工业增加值COD排放量	3	≤0.8kg/万元
	提高利用效率	工业余能回收利用率	4	≥50%
		单位工业增加值新鲜水耗	5	≤5m^2/万元
		工业用水重复利用率	6	≥75%
	转变产业结构	中小企业政策指数	7	5
		研发投入占GDP比重	8	≥4%

续表

类别	一级指标	二级指标	序号	指标值（2020年）
环境友好	平衡宜居宜业	人均公园绿地面积	9	30m²/人
		区内地表水环境质量达标率	10	100%
		功能区噪声达标率	11	100%
		城市室外照明功能区达标率	12	100%
	降低建设影响	园区范围内原有地貌和肌理保护比例	13	≥40%
		绿色施工比例	14	100%
	保育生物多样	鸟类食源树种植株比例	15	≥35%
资源节约	促进源头减量	绿色建筑比例	16	100%
		核心区地下空间开发率	17	80%
		建筑合同能源管理率	18	100%
	开展多源利用	分布式能源供能比例	19	≥60%
		可再生能源使用率	20	≥15%
		非传统水资源利用率	21	≥50%
		垃圾回收利用率	22	≥60%
	完善设施系统	绿色出行所占比例	23	≥80%
		建筑与市政基础设施智能化覆盖率	24	100%
		开挖年限间隔不低于5年的道路比例	25	100%
		危废及生活垃圾无害化处理率	26	100%
包容发展	共享幸福社区	步行范围内配套公共服务设施完善便利的区域比例	27	100%
		步行5分钟可达公园绿地居住区比例	28	100%
		本地居民社会保险覆盖率	29	100%
	加强交流合作	适龄劳动人口职业技能培训小时数	30	≥25h/年
		中德国际交流活力指数	31	100分
引导性指标		日人均生活垃圾产生量	32	≤1.8kg/（人·日）
		民生幸福指数	33	≥90分
		保障性住房占住宅总量的比例	34	≥20%
		环境空气质量提升	35	N/A
		园区智能化系统高水平建设	36	N/A
		海洋新兴产业发展优先	37	N/A
		本地产业共生与配套完善	38	N/A
		绿色设计理念推广	39	N/A
		海洋文化特色突出	40	N/A

中德生态园指标体系（2012）于2012年获得了国内首个德国TUV 北德（NORD）认证（见图2-6），认证结果显示指标体系"符合国际生态园可持续发展的实践要求，代表了国内生态园的先进水平"。

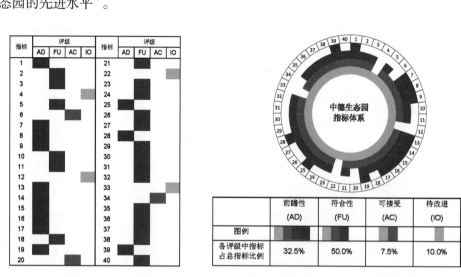

	前瞻性 (AD)	符合性 (FU)	可接受 (AC)	待改进 (IO)
图例				
各评级中指标占总指标比例	32.5%	50.0%	7.5%	10.0%

图2-6　TUV NORD对青岛中德生态园指标体系（2012）的认证结果

2013年，中德生态园在40项指标体系的基础上，进一步编制形成了指标体系实施方案，包括指标体系深度解读报告、部门操作手册等，最终形成了"一个政策三个导则"的园区法定文件（见图2-7），作为园区发展的路线图和行动指南，指导园区规划、建设、运营的全过程。

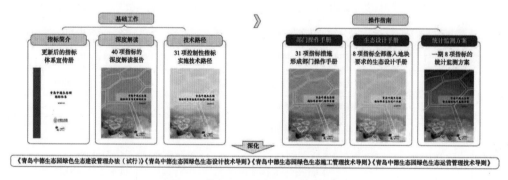

图2-7　指标体系分解实施管理体系

2.3　中德生态园指标体系（2012）综合评价

为更好地完成青岛中德生态园创建国际一流园区的使命，完成青岛中德生态园2030年可持续发展指标体系，同时更加全面地了解青岛中德生态园2012年指标体系的落实和完成情况，启动编制了青岛中德生态园指标体系（2012）综合评价报告，对2012年指标体系完成情况进行完整梳理，为国际一流园区指标体系编制提供基础和依据。

2.3.1 中德生态园指标体系（2012）评价方法与评价准则

中德生态园指标体系（2012）综合评价方法具体包括：

（1）PDCA：采用ISO标准PDCA，即"计划—实施—检查—改进"的流程进行评估。

（2）客观评估和主观评估相结合：运用主客观结合的方法，实事求是地对指标体系实施情况进行评估。

（3）文献资料分析：通过国内外参考文献（规范、法律、标准等）比对，开展指标评估。

（4）专家研讨：充分发挥专家领衔作用，组织专家研讨，广泛吸取各方意见。

中德生态园指标体系（2012）评估准则如图2-8所示。

规划关联性
评估指标体系是否与规划体系指标有关联。

统计可行性
评估指标体系是否可以统计。

建设创新性
评估指标体系5年多来的实施创新情况。

指标先进性
对标国内外标准，评估指标体系的先进程度。

图2-8 青岛中德生态园指标体系四个维度评估

青岛中德生态园指标体系综合评估主要从下列四个维度进行，详述如下。

（1）规划关联性。重点对青岛中德生态园已制定的指标体系进行评估，包括园区的低碳城（镇）试点实施方案建设目标与指标体系、规划资源保护与利用控制指标以及能源、绿色建筑、景观等各专项规划中涉及的指标体系。通过评估不同指标体系的重合性、交叉性，更好地促进不同指标体系的相同指标的融合，提升指标体系的落地性和实操性。

（2）建设创新性。建设创新性主要从园区2012年建立以来，在实施过程中，是否得到了良好的落实，是否按照指标体系的要求进行建设，制定了相应的建设计划，开展了相应的建设项目，推动了园区不同领域的发展和融合。通过对园区的建设情况进行评估，指出园区在落实指标过程中存在的不足和待提升之处。

（3）统计可行性。指标体系在实施操作的5年多来，各部门按照既定的指标体系实践任务，推动指标体系的落地。在实施操作中，哪些指标可统计，哪些指标还尚未被统计，重点判断指标体系的可统计性，并对指标体系的统计完成情况进行评估，提出改进建议。

（4）先进性评估。依据国内外的文献资料和案例参考，对青岛中德生态园指标体系的先进性进行评估，发现指标体系经过多年实施后，指标体系是否依然保留先进程度，在国际和国内处于什么地位，总结形成先进性的评估结果。

2.3.2　中德生态园指标体系（2012）评估结论

青岛中德生态园按照"先评估，后提升"的方法，从规划关联性、统计可行性、建设创新性、指标先进性4个维度构建了指标体系（2012）的评估方法，取得下列评估发现。

第一，规划关联性是指评估指标体系是否与规划体系有关联，能否在规划编制过程中将指标体系进行有效落实。通过评估，全部指标都具有与规划体系各层级规划、各专项规划的有效衔接，控制性指标全部实现了有具体规划实施方案，后期还需要加强规划实施效果的监测评估。

第二，统计可行性是指评估指标体系是否可以统计。经评估，已统计指标共有23项，占总体指标的74.2%，未统计指标占25.8%。未统计指标存在的主要原因是建设进度和相关项目安排较少，数据来源较少，数据收集困难，因此应尽快建立统计体系，使各管理部门和第三方审查机构得以构建完整准确的指标数据标准。

第三，建设创新性是指通过评估指标体系5年多的实施情况，发现指标实施过程中的问题及亮点。根据评估结果，对于实施情况较好的指标，如中德国际交流活力指数、绿色建筑比例等，应继续坚持并提出对标国际一流的提升要求；对于公园绿地建设（市民公园）、知识产权、智能制造、都市农业等领域较好的做法，需要进行有效推广，形成规模效应；对于因园区自身禀赋条件限制，实施情况不理想的指标，如非传统水资源利用率等，应根据园区特色进行修改调整，以达到可持续发展与园区资源环境相适应的要求。

第四，指标先进性是指通过对标国内外标准来评估指标体系的先进程度。对标后发现，国际一流指标约占17.5%，国内领先指标约占77.5%，待优化提升指标占5%。与2012年TUV NORD 评估相比，前瞻性指标达到32.5%，符合性指标达到50%，而待优化指标上升至17.5%，水平有所下降，须对指标进一步提升。中德生态园指标体系（2012）先进性评估结果如图2-9所示。

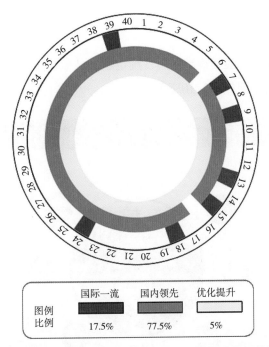

图2-9　青岛中德生态园指标体系（2012）先进性评估结果

此外，中德生态园指标体系（2012）在其实施操作方面存在下列问题：

第一，部分指标在数据收集及统计上还须进一步优化。指标在数据的收集、统计上没有统一标准，缺乏科学性。

第二，部分指标没有做统计和计算。例如，碳排放测算没有具体收集收据，计算只是以点概面。

第三，指标体系的部门分工实施不明确，后期指标实施跟踪不清晰。部分部门不清楚自己负责的指标是哪些，无法进行指标监测评价。

第四，指标体系未能有效进行实时监测，指标统计变成各部门的任务，各部门的完成积极性不高，认知度也不高。

2.4　中德生态园2030可持续发展指标体系

中德生态园2030可持续发展指标体系对应国际国内，立足本地特点，提出建立量化的指标体系，促进环境、社会、经济的平衡发展。不断强调指标体系应加强"政府、企业、公众"共同参与治理。政府是政策的制定者和执行者；企业是政策规制的对象，追求的是短期利润最大化；公众既是政策的受益者，又影响着政策的执行。指标体系应增强政府主导性、企业主体性和公众参与性，更好地推动园区指标体系的实施和落地。

2.4.1　WIN–GPS原则

在工作目标的要求下，遵循指导思想，确定了青岛中德生态园2030可持续发展指标体系编制的"WIN–GPS"原则如图2-10所示。

图2-10　编制中德生态园2030指标体系遵循的WIN–GPS原则

（1）立足世界眼光（worldwide vision）。

随着全球面临城市化发展的各种挑战，世界的可持续发展进程不断推进。2015年，随着千年发展目标步入尾声，联合国发展峰会在其基础上制定了《2030年可持续发展议程》。《2030年可持续发展议程》在强调消除贫困概念的同时，更突出了可持续发展的理念。它强调要平衡推进经济、社会和环境三大领域的发展，强调发展是一个由经济、社会和环境三个层面协同增效的过程。其共包含17项目标和169项具体目标，包括消除贫困与饥饿、粮食安全、健康生活方式、教育、性别平等、水与环境卫生、能源、就业、基础设施和国家不平等等诸多议题。

在应对全球气候变化、推进可持续发展的新形势下，《联合国气候变化框架公约》近200个缔约方在2015年巴黎气候变化大会上达成《巴黎协定》，旨在将全球气温升高的幅度限制在2摄氏度以内。作为"世界的转折点"，为2020年后全球应对气候变化行动作出安排。

2016年10月，联合国第三次住房和城市可持续发展大会召开，会议正式审议通过《新城市议程》，再次确认了城市发展在可持续发展中的主导地位，更加强调包容性发展、合作与分享的理念；强调国家和地方政府、城市规划者和各社区应不断加强行动，积极建设包容、安全、有韧性和可持续的城市和人类住区。不断推进城市可持续发展的进程，让城市变得更加安全，拥有更可持续的生存能力。

中德生态园应紧紧把握国际发展趋势，顺应国际可持续发展形势和要求，展现在世界城市可持续发展中的影响力和知名度。

（2）对标国际标准（international standards）。

国际标准化组织（ISO）不断进行城市可持续发展标准的研究与探索，着力制定不同类型的城市可持续发展标准体系。ISO37120是ISO发布的第一个城市可持续发展国际标准，ISO 37101是ISO发布的第一个城市可持续发展管理体系，城市可持续发展标准体系的制定不断推动着世界各类城市的健康可持续发展，是世界城市可持续发展目标的重要技术支撑。

中德生态园的指标体系编制应加强与国家标准的对接，有效落实ISO国际标准的要求，推动城市可持续发展标准的制定和推行。

（3）创新示范政策（national policy innovation）。

在国家生态文明建设升级的背景下，智慧化、数字化、海绵城市理念不断发展，生态文明建设新理念对中德生态园的发展提出了新的要求。

中德生态园既是中德两国合作的重大国际项目，也是国家生态文明的重要示范区域。始终坚持把生态文明建设放在首位，紧紧围绕和落实国家发展战略的要求。充分考虑国家、地区在社会、经济、资源、环境等领域的重要政策与发展目标，保证指标体系与上级政策、规划相呼应。

（4）体现德国品质（German quality）。

中德生态园是由中德两国政府建设的首个可持续发展示范合作项目，着力建设生态型、智能型、开放型的中德两国利益共同体。园区建设体现中德两国在产业合作、园区交流等多方面的优势互补，着力形成可推广、可复制的国际合作实践模式。

中德生态园指标体系结合中德两国重点合作基础，借鉴和吸收各自发展的特点，通过指标体系的实施来推动中德重点合作领域的工作开展。

（5）打造园区特色（polishing of local features）。

基于山东省、青岛市和园区本地的特色或特点，立足山东省蓝色经济区、青岛西海岸经济区等国家战略发展契机，立足园区"田园环境、绿色发展、美好生活"的发展愿景和"国际合作的创新园区、绿色低碳的生态园区、智慧城市的示范园区、产城融合的宜居城区"的发展定位，依据自身的发展基础和优势制定指标体系。

（6）借鉴成功经验（smart best practices）。

中德生态园指标体系的编制，加强参考和借鉴国内外优秀的相似城市或园区的实践经验和指标体系，积极归纳和吸收，内化形成自身发展的路径和方法。

同时，加强与国家千年大计雄安新区的对标，参考雄安新区的发展目标和发展任务，形成青岛中德生态园的指标体系。

2.4.2 技术路径

基于青岛中德生态园2030可持续发展指标体系的工作目标、指导思想和指标体系标准流程，确定青岛中德生态园2030可持续发展指标体系的编制与实施的技术路径如图2-11所示。

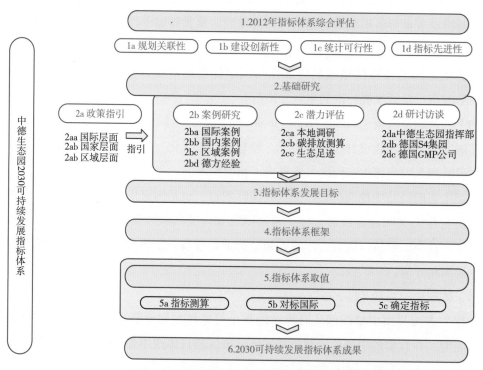

图2-11 青岛中德生态园2030可持续发展指标体系技术路径

第一步：评估园区近5年指标体系实施情况，从指标体系规划关联性、建设创新性、统计可行性和指标先进性四个方面进行评估，为园区2030可持续发展指标体系制定提供评估依据（评估内容参考《青岛中德生态园指标体系综合评价技术报告》）。

第二步：主要进行2030可持续发展指标体系的基础研究，内容包括政策分析、案例研究、资源禀赋分析以及调研访谈和会议研讨等。

• 调研访谈：注重第一手材料的收集，重视项目建设相关单位对园区建设、指标体系编制的意见。进行现场勘查情况、与相关部门进行对接、与相关规划的编制单位进行沟通以及组织专业团队进行部分相关资料的准备等。

- 资源禀赋分析：了解当地社会经济发展水平和需求、产业发展情况以及资源环境现状。

- 政策分析：进行国际国内政策的分析和梳理。

- 案例研究：分析国际可持续发展、德国、ISO以及城市或城区相关案例的研究。

- 会议研讨：针对中德生态园现状和发展要求，组织政府、企业、专家及居民等不同群体开展会议研讨。

第三步：基于评估结论和基础研究的情况，确定园区2030可持续发展目标。

第四步：在园区2030可持续发展目标的基础上，依据基础研究的结果，制订中德生态园2030可持续发展指标体系框架。

第五步：通过与国内外指标对标，以及指标测算完成指标体系的取值，完善指标体系的定义、计算方式。

- 指标对标：完成指标体系框架设定之后，从两个方面进行各指标项的取值分析：首先是总结国内外针对相关指标的取值经验，其次是结合项目地的实际情况分析。

- 量化分析：结合项目的基本规划条件，参考统计年鉴等资料的基础数据，运用几种主要的资源禀赋分析方法，挖掘不同资源利用指标之间的量化关联性，确定资源利用指标的取值。根据现有的规划资料，选取合适的环境要素，测算项目地建成后的环境排放情况与环境容量，以此考量环境类指标选取的合理性。

通过技术路径的以上五步工作最终形成青岛中德生态园2030可持续发展指标体系成果。

2.4.3　中德生态园2030可持续发展指标体系

以建设青岛中德生态园国际一流园区为出发点和落脚点，围绕中德生态园的项目实情和自身特色，经过大量的研究和研讨访谈，以及可持续研讨会各群体对于园区发展愿景和目标的建议，会上指出园区在创新智慧、生态环境、产业发展和开放包容等方面应加强目标设定，制订计划和方案，提出适合的指标引领园区的新发展阶段，完成青岛中德生态园创建国际一流园区的发展使命。

针对创建国际一流园区的使命，青岛中德生态园于2018年制定了2030可持续发展指标体系，并构建了以"经济健康持续、生态特色鲜明、创新驱动发展、多维开放包容"为愿景，共40项的指标体系，其中31项控制指标，9项引导指标（见表2-3）。

表2-3

青岛中德生态园2030可持续发展指标体系

领域 Vision	序号 No.	关键绩效指标 Key Performance Indicators	指标值 indicator value			类型 Type
			2020	2025	2030	
经济健康持续 Healthy Economy	1	单位GDP碳排放强度	≤180tCO₂/百万美元	≤170tCO₂/百万美元	≤150tCO₂/百万美元	控制性指标
	2	单位工业增加值新鲜水耗	≤7立方米/万元	≤6立方米/万元	≤4立方米/万元	控制性指标
	3	企业清洁生产审核实施及验收通过率	100%	100%	100%	控制性指标
	4	单位工业增加值COD排放量	≤0.8kg/万元	≤0.7kg/万元	≤0.6kg/万元	控制性指标
	5	工业余能回收利用率	≥50%	≥50%	≥50%	控制性指标
	6	智能制造产业增加值占GDP比重	18%	20%	30%	控制性指标
	7	中小企业政策指数	5	5	5	控制性指标
	8	绿色建筑比例	二星级及以上绿色建筑比例≥70% 采用被动式技术的绿色建筑比例≥20%	二星级及以上绿色建筑比例≥70% 采用被动式技术的绿色建筑比例≥30%	二星级及以上绿色建筑比例≥80% 采用被动式技术的绿色建筑比例≥30%	控制性指标
生态特色鲜明 Special feature of Ecological Environment	9	绿色施工比利	100%	100%	100%	控制性指标
	10	核心区地下空间开发率	80%	80%	80%	控制性指标
	11	水资源循环利用率	≥70%	≥75%	≥80%	控制性指标
	12	可再生能源利用率	≥15%	≥20%	≥20%	控制性指标
	13	园区范围内受保护地貌利肌理比例	≥40%	≥40%	≥40%	控制性指标

续表

领域 Vision	序号 No.	关键绩效指标 Key Performance Indicators	指标值 indicator value			类型 Type
			2020	2025	2030	
生态特色鲜明 Special feature of Ecological Environment	14	鸟类食源树种种植比例	≥35%	≥35%	≥35%	控制性指标
	15	垃圾回收利用率	≥60%	≥60%	≥60%	控制性指标
	16	区内地表水环境质量达标率	100%	100%	100%	控制性指标
	17	功能区噪声达标率	100%	100%	100%	控制性指标
	18	城市室外照明环境达标率	100%	100%	100%	控制性指标
	19	分布式能源供能比例	≥60%	≥60%	≥60%	控制性指标
	20	建筑合同能源管理率	100%	100%	100%	控制性指标
创新智慧发展 Smart and innovative development	21	园区高素质青年人口年增长率	10%	10%	10%	控制性指标
	22	园区智能化设施覆盖率	100%	100%	100%	控制性指标
	23	研发投入占GDP比重	≥3%	≥4%	≥3%	控制性指标
	24	每万人年度专利授权数	≥20	≥40	≥20	控制性指标
	25	中德国际交流活力指数	≥100分	≥100分	≥100分	控制性指标
社会开放包容 Society consideration	26	适龄劳动人口职业技能培训小时数	≥25小时/年	≥30小时/年	≥40小时/年	控制性指标
	27	绿色出行所占比例	≥80%	≥80%	≥80%	控制性指标
	28	步行范围内公共服务设施及公园绿地的区域比例	100%	100%	100%	控制性指标
	29	本地居民社会保障覆盖率	100%	100%	100%	控制性指标

续表

领域 Vision	序号 No.	关键绩效指标 Key Performance Indicators	指标值 indicator value			类型 Type
			2020	2025	2030	
社会开放包容 Society consideration	30	人均公园绿地面积	30平方米/人	30平方米/人	30平方米/人	控制性指标
	31	每万人都市农业面积	≥5ha	≥5ha	≥10ha	控制性指标
	32	日人均生活垃圾产生量	≤0.8kg/（人·日）	≤0.8kg/（人·日）	≤0.8kg/（人·日）	引导性指标
	33	民生幸福指数	≥95	≥95	≥95	引导性指标
	34	政府或机构持有的租赁型住房占住宅总量的比例	≥20%	≥20%	≥20%	引导性指标
	35	公众对可持续发展的知晓率	≥90%	≥95%	≥100%	引导性指标
	36	土壤污染净增加量	≤0	≤0	≤0	引导性指标
引导指标 Guide index	37	区内环境空气质量达标率	≥310天/年	≥310天/年	≥310天/年	引导性指标
	38	本地产业共生与配套完善	以共生理论和产业生态学相关理论为基础，通过不同企业间通过相互利用副产品（废弃物）而发生的各种合作关系，共同提高企业的生存和获利能力，从而实现资源、能源的高效利用和环境保护			引导性指标
	39	绿色设计理念推广	在产品及其生命周期全过程的设计中，充分考虑对资源和环境的影响，以及产品的功能、质量、开发周期和成本，使产品的各项指标符合绿色环保的要求			引导性指标
	40	海洋新兴产业发展优先	运用新技术、新工艺、新材料等手段，优化产业结构，提高海洋资源开发能力，强化海洋经济向内陆地区的辐射与传导，扩大海洋经济向受益区域、促进区域经济协调发展			引导性指标

（1）指标调整情况。

为了保持青岛中德生态园指标体系（2012）的延续性，中德生态园2030可持续发展指标体系对大部分指标加以保留。

与2030可持续发展指标体系相比，对2012年指标的调整分为四种类型，分别是：不变、合并、修改和删减。共有24个指标不变，7个指标合并，7个指标修改，2个指标删减。调整依据和结果如表2-4所示。对2012年40个指标的具体调整依据详见附件。

①不变。

- 符合国内外政策、标准的要求；符合国内外发展方向和趋势；
- 符合园区发展现状及趋势；
- 或依据评估结论，指标在先进性或亮点工作或统计性方面突出。

②合并。

- 与国内外政策、标准的要求、国内外发展方向和趋势符合不突出；
- 与园区发展现状及趋势符合有待提升；
- 或根据评估结论，在先进性、统计性或亮点工作待提升。

③修改。

- 与国内外政策、标准的要求、国内外发展方向和趋势符合有待提升；
- 与园区发展现状及趋势符合有待提升；
- 或根据评估结论，在先进性、统计性或亮点工作有待提升。

④删减。

- 与国内外政策、标准的要求、国内外发展方向和趋势符合不紧密；
- 不符合园区发展现状及趋势；
- 或根据评估结论在先进性、统计性或亮点工作不突出。

表2-4　　　　　　　　青岛中德生态园指标体系（2012）调整情况

类别		二级指标	调整情况
控制性指标	经济优化	单位GDP碳排放强度	不变
		企业清洁生产审核实施及验收通过率	不变
		单位工业增加值COD排放量	不变
		工业余能回收利用率	不变
		单位工业增加值新鲜水耗	不变
		工业用水重复利用率	合并
		中小企业政策指数	不变

续表

类别		二级指标	调整情况
控制性指标	经济优化	研发投入占GDP比重	修改
	环境友好	人均公园绿地面积	不变
		区内地表水环境质量达标率	不变
		功能区噪声达标率	不变
		城市室外照明功能区达标率	修改
		园区范围内原有地貌和肌理保护比例	修改
		绿色施工比例	不变
		鸟类食源树种植株比例	不变
	资源节约	绿色建筑比例	修改
		核心区地下空间开发率	不变
		建筑合同能源管理率	不变
		分布式能源供能比例	不变
		可再生能源使用率	不变
		非传统水资源利用率	合并
		垃圾回收利用率	不变
		绿色出行所占比例	不变
		建筑与市政基础设施智能化覆盖率	合并
		开挖年限间隔不低于五年的道路比例	删减
		危废及生活垃圾无害化处理率	删减
	包容发展	步行范围内配套公共服务设施完善便利的区域比例	合并
		步行5分钟可达公园绿地居住区比例	合并
		本地居民社会保险覆盖率	修改
		适龄劳动人口职业技能培训小时数	不变
		中德国际交流活力指数	不变

续表

类别	二级指标	调整情况
引导性指标	日人均生活垃圾产生量	不变
	民生幸福指数	不变
	保障性住房占住宅总量的比例	修改
	环境空气质量提升	修改
	园区智能化系统高水平建设	合并
	海洋新兴产业发展优先	不变
引导性指标	本地产业共生与配套完善	不变
	绿色设计理念推广	不变
	海洋文化特色突出	合并

同时，针对2030可持续发展指标体系的编制原则，新增了部分指标，最终形成园区2030可持续发展指标体系（见图2-12）。

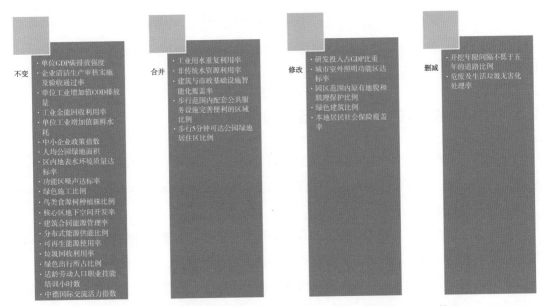

图2-12 中德生态园指标体系（2012）中的31项约束性指标的修订状况

（2）对2030可持续发展指标体系开展TUV NORD认证。

2018年6月，青岛中德生态园2030可持续发展指标体系再次获得TUV NORD认证，认证结果为"指标体系符合联合国《2030年可持续发展议程》的可持续发展理念""指标体系符合国际生态园可持续发展实践的最新要求"，以及"指标体系代表了国际生态园的一流水平"（见图2-13）。

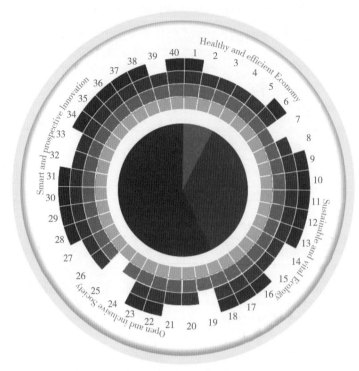

图2-13　TUV NORD 2018对中德生态园指标体系2.0的认证结果

2.5　中德生态园的标准化体系建设及其作用

中德生态园积极探索在标准化领域的试点，旨在推动园区在城市建设、智能制造、绿色建筑等多领域、全方位的标准向以德国为代表的先进标准化体系的学习、对接，探索建立园区发展的自主标准体系。

标准化是指在经济、技术、科学和管理等社会实践中，对重复性的事物和概念，通过制订、发布和实施标准达到统一，以获得最佳秩序和社会效益，它不仅能推进经济界、科技界及管理部门的合理化过程提供质量保证，而且有助于人和物的安全以及生活各领域中的质量改善。

2.5.1　中德标准化实践做法

随着经济全球化的发展，发达国家更加重视产品标准的研发和国家建设，发展中国家也注重完善自身的标准化建设，积极投身于国际标准的研发制定。

德国工业较英美等传统强国起步较晚，但在短时期内经历了一次从无到强的工业跃进。其中，产品标准化建设发挥了积极推进作用，提升了德国工业国际竞争力，将德国经济迅速带入现代工业时期。德国主要的标准制订组织是德国标准化协会（简称DIN），成立于1917年，是一个非政府组织，下辖78个标准委员会，管理着28000多项产品标准并负责德国与地区及国际标准化组织间的协调事务。

近年来，中德两国在贸易和投资领域的合作保持高水平发展，中国商务部和德国经济部之间设立中德经济合作联委会，主要目标是促进两国之间的贸易，增强投资关系以及加强贸易伙伴之间的技术交流。2006年，在中德经济合作联委会框架下成立中德标准化合作工作组。2011年6月，标准化工作组升级为中德标准化合作委员会。2011年、2015年，在中德标准化合作委员会框架下分别成立中德电动汽车标准化、中德智能制造/工业4.0标准化两个工作组。中德双方取得了多方面的实质性合作成果，为两国政府和产业界在标准化领域开展合作和信息共享搭建了平台。

党的十八大以来，以习近平同志为核心的党中央高度重视标准化建设，对标准化改革发展作出了一系列决策部署，出台了一揽子举措。2015年3月至5月接连发布的《深化标准化工作改革方案》《关于推进国际产能和装备制造合作的指导意见》和《关于构建开放型经济新体制的若干意见》，不仅要求提高中国标准国际化水平，还提到要增强中国在国际标准制定中的话语权。2015年年底，国务院办公厅印发《国家标准化体系建设发展规划（2016~2020年）》，提出到2020年"中国标准"国际影响力和贡献力大幅提升，我国迈入世界标准强国行列。

2.5.2　青岛"标准化+"行动

青岛始终把标准化工作摆在重要位置，提出实施"标准立市"战略，积极寻标、对标、达标、夺标、创标，加强标准的制定、修订和实施，初步形成具有青岛特色的标准体系。

青岛市政府在全国较早出台了《青岛市标准化资助奖励办法》，奖励主导或主持国际、国家、行业、地方标准制修订项目。青岛还承担了25个国际和国家专业标准化技术组织秘书处工作，主导或参与制修订国际标准74项、国家标准650多项、行业标准700多项。

青岛在全国城市中首个提出实施"标准化+"城市发展战略，与中国国家标准委签署了《关于推动青岛标准国际化创新型城市建设合作备忘录》。出台《青岛市"标准化+"发展规划》，对"十三五"时期的标准化工作进行全面部署，在标准国际化城市建设部分，从可持续发展、海绵城市等国际标准的角度，明确了未来推进国际城市战略实施的标准化工作。对标香港、新加坡、旧金山等10个国际城市，制订《青岛市国际城市战略指标体系》，以国际标准引领城市开放发展。

2.5.3 中德生态园标准化交流与实践活动

园区建设伊始，首先开展了生态指标体系制定工作。随着标准创建不断深化，园区以产业为基础、以企业为主体、以标准为手段的引进、引领作用得到充分发挥，发展逐步走上高端化轨道。

（1）园区标准化交流。

2012年10月，国标委批复同意园区建设"综合标准化示范区"。国标委领导高度重视中德生态园建设，曾多次上门指导。

2012年8月，国家标准化委员会、德国标准化协会、山东省质监局举办专题研讨会，就中德生态园项目在国际标准化领域合作达成广泛共识，为园区标准化工作指明发展方向和推动路径。

2014年7月，专门批复成立了园区标准化工作机构，园区成立了标准化工作委员会，由管委主要领导担任委员会主任，全力推进标准化国际合作工作。

2015年11月，中国国家标准委田世宏主任调研中德生态园时指出：支持中德生态园做中国家电业智能制造（工业4.0）国标、被动房国标、轮胎制造业智能制造国标，支持中德生态园承办2017年中德标准化委员会年会。

2016年11月1日，首届中德城市间标准化合作研讨会在成都举办。国家标准委主任田世宏在致辞中指出：中德生态园积极引用先进标准，推进生态城市、智慧城市、海绵城市建设，形成了标准化园区规划设计体系。会上，中德生态园以《生态标准 对德合作 创新本色以标准化对接国际化助推城市化发展》为题做了主题发言。

2017年6月29日，中德两国最高级别标准化合作机制——2017年中德标准化合作委员会会议在青岛中德生态园举行。国家质检总局党组成员、国家标准委主任田世宏，国际标准化组织主席张晓刚，以及来自德国联邦经济和能源部、德国国家标准化机构及驻华使馆、质检总局、国家标准委、商务部、工信部，以及两国相关行业协会、科研机构、企业的150余名代表参加会议。会议期间，中德双方代表共同签署了委员会会议决议，并见证了智能制造/工业4.0标准化工作组和电动汽车标准化工作组会议决议的签署。中德双方决定，在智能制造（工业4.0）、电动汽车、医疗器械、能源、生物、电子商务、银发经济等重点领域共同推动制定国际标准，同意中方与德方共同担任国际标准化组织生物技术专业委员会联合主席，并成立中德标准化战略工作组，以推进两国标准体系相互兼容，为促进两国制造业升级、实施"一带一路"倡议提供软联通支撑。

（2）园区标准化实践。

①坚持标准先行。一是建立生态园区标准。借鉴德国"莱茵模式"，从资源、环境、经济、社会等四个维度出发建立可量化的40项生态指标，做到发展路径可控制、可落实、

可复制、可推广。该指标体系取得德国三大认证机构之一的TÜV NORD公司认证，已纳入商务部制定的《国家级经济技术开发区国际合作生态园工作参考指南》。二是引入绿色建筑标准。与世界上最严格的可持续建筑认证体系——德国DGNB标准合作，对园区建筑进行可持续认证。2016年10月德国企业中心成为亚洲第一个获得该体系铂金奖认证的项目，同时达到中国绿建三星等级标准。三是实施规划控制标准。注重"德国理念、德国标准、德国技术、德资比重"合理化引入，GMP、SBA等数十家德国知名公司参与园区规划设计、咨询。完成园区控规、能源、产业、生态景观、绿色建筑等30余项规划编制和课题研究，形成标准化的园区规划设计体系。

②注重标准应用。一是以德国工业4.0助推中国制造转型升级。联合西门子、博世、海尔等20余家单位，在国内率先成立"中德工业4.0联盟"。建立西门子（青岛）创新中心，成立海尔智能制造研究院，参与相关标准编制。二是以德国标准技术助推入园企业创新发展。医药项目与德国麦迪西公司合作，应用德国西门子自控系统，建设国内唯一的国家级海洋药物中试基地和国家药物创新体系基地。汽车零部件项目与德国威伯科控制系统公司等合作，遵循相关标准，为德国史密斯等知名企业提供关键零部件。

③深化标准创建。一是培育引领产业，建立标准体系。成立德国被动式建筑研究所中国中心、被动房（中国）研究院，建设国内首座按照德国被动房标准建设的建筑——被动房技术中心，成为亚洲首个高标准被动房示范项目，在设计建设中归纳总结青岛所处气候带的被动房标准。二是坚持问题导向，提升标准水平。围绕"城市观海"对城市发展的影响，提出"排水降噪沥青路面修筑技术"，获交通运输部科技成果推广项目第一名，形成排水沥青路面设计等5项设计技术及标准，在园区应用后收到良好效果。

④实施标准惠民。一是大力推动"互联网+能源利用"建设。以系统能效理论为基础，构建安全稳定、经济高效、智能低碳、可持续发展的标准化现代能源体系，实现城市集中式与分布式能源供应相结合、能源结构优化与产业结构调整相互促进的"新模式"。二是大力推动"互联网+城镇化"建设。园区充分利用中德合作优势，从智慧城市社区、"互联网+城镇化"等方面积极探索。在社区内建立"居家养老系统""E生活服务管家""众e通智慧社区展示服务中心"等标准化管理及配套服务平台，让百姓体验到更多的便利和舒适。

（3）园区首批标准化实践成果。

通过多年工作积累，园区标准化工作已初见成效。科学制定园区标准化工作思路及框架体系，聘请专业机构为园区编制"标准化+"发展规划（2016~2020年）、搭建园区标准体系框架、编写园区第一批特色标准。完成园区生态可持续标准化、智慧社区建设标准化、被动房产业标准化、信用体系建设标准化和标准化试点示范等五大标准建设工程。"十三五"期间，设立中德标准研究院，加强中德两国城市间的标准合作研究，促进德国标准与中国标准的融合；支持中德两国在园企业、行业协会、专业机构，积极参加国际标准的研制修订活动，承担中德标准化研究项目和交流活动等。

2016年12月11日，《中德生态园综合指标体系》等16项可持续发展标准通过了专家评审，在国内率先建立了按照德国标准制定的首个园区级绿色生态建设标准体系。通过了4项被动房标准，吸取了国内外被动式超低能耗建筑的实践经验和研究成果，结合了青岛的气候特点、经济水平和工程实践，突出了中德生态园被动房在技术指标控制、围护结构构造、气密性设计等方面的地方特色。

专家组提出，两项管理标准是中德生态园系列标准中的基础，对于规范和促进中德生态园标准化工作具有重要作用，对园区内相关方参与标准化工作具有重大指导作用。

2017年，中德两国最高级别标准化合作机制——中德标准化合作委员会会议在园区召开。在国标委的支持下，成立全国建筑节能标准化技术委员会被动式建筑标准编制工作组，成为秘书处承担单位，结合国家"十三五"科研课题，进行零能耗建筑技术体系研究和装配式被动房技术研究，填补国内被动房标准空白。

2018年，发布《青岛国际经济合作区（中德生态园）集装箱模块化组合房屋施工及验收规范》《智慧路灯建设规范》园区标准2项；完成《青岛国际经济合作区"标准化+"成果汇编》；企业标准化再出硕果，青岛海尔工业智能研究院被列为智能制造国家高新技术产业标准化试点，是全国唯一入选的智能制造国家高新技术产业标准化试点企业。2018年8月17日，华大基因的海洋鱼类基因库标准化试点被列为2018年省级试点示范项目。此外，华大基因的海洋生物基因库、海尔智研院的CosmoPlat、被动屋公司的被动式超低能耗建筑等8个项目被列为重点培育项目。国家市场监督管理总局党组成员陈钢对园区自获批国家标准化综合示范园区以来的建设发展给予了肯定。2018年7月8日，ISO主席约翰·沃尔特先生到访园区，对园区的建设发展速度及质量表示认可，对园区标准化工作给予了高度肯定。

截至2018年，园区、企业累计主导或参与制修订标准70项。标准制修订项目涉及被动式建筑、智能制造、生命经济、生态建设等方面。已发布标准29项，其中，国家标准9项（主持8项、参编1项）、地方标准1项（参编1项），园区、企业标准19项。计划制修订标准41项（已立项21项），其中，国际标准3项（已立项3项）、国家标准21项（已立项18项）、行业标准9项、地方标准7项，园区、企业标准1项（见表2-5和表2-6）。

表2-5 园区、企业已发布标准统计

标准类别/个数	标准名称	标准号	参与程度	制定单位
国家标准/9	物联网标识体系 OID应用指南	GB/T 36461-2018	参编	青岛海尔工业智能研究院有限公司
	注射用藻酸双酯钠	VBH06152003	主持	青岛正大海尔制药有限公司
	采力合剂	WS-5341（B-0341）-2014Z	主持	青岛正大海尔制药有限公司
	丹桂香胶囊	YBH01892014	主持	青岛正大海尔制药有限公司
	骨化三醇软胶囊	YBH01892014	主持	青岛正大海尔制药有限公司
	骨化三醇胶丸	YBH01432003-2014Z	主持	青岛正大海尔制药有限公司
	海麒舒肝胶囊	WS-5198（B-0198）-2014Z	主持	青岛正大海尔制药有限公司
	桑枝颗粒	WS3-9（Z-6）-2002（Z）	主持	青岛正大海尔制药有限公司
	酚麻美敏口服溶液	WS-106（X-093）-2002-2015Z	主持	青岛正大海尔制药有限公司
地方标准/1	被动式超低能耗居住建筑节能设计标准（附条文说明）	DB37/T 5074-2016	参编	青岛被动屋工程技术有限公司
园区、企业标准/19	青岛中德生态园标准化管理办法	Q/ZDSTY 001-2016	/	青岛中德生态园科技标准局
	青岛中德生态园标准制修订管理办法	Q/ZDSTY 002-2016	/	青岛中德生态园科技标准局
	青岛中德生态园综合指标体系 第1部分	Q/ZDSTY 003.1-2016	/	青岛中德生态园规划建设局
	青岛中德生态园综合指标体系 第2部分	Q/ZDSTY 003.2-2016	/	青岛中德生态园规划建设局
	青岛中德生态园综合指标体系 第3部分	Q/ZDSTY 003.3-2016	/	青岛中德生态园规划建设局
	青岛中德生态园综合指标体系 第4部分	Q/ZDSTY 003.4-2016	/	青岛中德生态园规划建设局

续表

标准类别/ 个数	标准名称	标准号	参与 程度	制定单位
园区、企业标准/19	青岛中德生态园绿色生态管理标准 第1部分	Q/ZDSTY 004.1–2016	/	青岛中德生态园规划建设局
	青岛中德生态园绿色生态管理标准 第2部分	Q/ZDSTY 004.2–2016	/	青岛中德生态园规划建设局
	青岛中德生态园绿色生态管理标准 第3部分	Q/ZDSTY 004.3–2016	/	青岛中德生态园规划建设局
	青岛中德生态园绿色生态管理标准 第4部分	Q/ZDSTY 004.4–2016	/	青岛中德生态园规划建设局
	青岛中德生态园排水降噪沥青路面施工技术规范	Q/ZDSTY 005–2016	/	青岛中德生态园规划建设局
	青岛中德生态园智慧社区建设规范	Q/ZDSTY 006—2016	/	青岛中德生态园规划建设局
	青岛中德生态园被动房（居住建筑）第1部分：总则	Q/ZDSTY 007.1 –2016	/	中德联合集团有限公司
	青岛中德生态园被动房（居住建筑）标准第2部分：设计规范	Q/ZDSTY 007.2–2016	/	中德联合集团有限公司
	青岛中德生态园被动房（居住建筑）标准第3部分：施工及验收规范	Q/ZDSTY 007.3–2016	/	中德联合集团有限公司
	青岛中德生态园被动房（居住建筑）标准第4部分：运行维护管理规范	Q/ZDSTY 007.4–2016	/	中德联合集团有限公司
	青岛国际经济合作区（中德生态园）集装箱模块化组合房屋施工及验收规范	Q/ZDSTY 008-2018	/	青岛西海岸投资有限公司
	泛能项目建设运营技术标准	Q/ENN FN 001.01–2017	/	新奥能源控股有限公司
	区域供热系统技术标准	Q/ENN RL 001.01–2017	/	新奥能源控股有限公司

表2-6   园区企业标准制修订计划统计

标准类别/个数	标准名称	立项号	项目程度	制定单位
国际标准/3	大规模定制通用要求	IEEE P2672	已立项	青岛海尔工业智能研究院有限公司
	智能制造 基于机器视觉的在线检测	IEEE P2671	已立项	青岛海尔工业智能研究院有限公司
	大规模定制研究组（SG6）	ISORESOLUTION835	已立项	青岛海尔工业智能研究院有限公司
国家标准/20	电动门窗通用技术要求	20160726-T-333	已立项	青岛拉斐特智能装备科技有限公司
	智能制造 射频识别系统 通用技术要求	GJBCPZT0236-2017	已立项	青岛海尔工业智能研究院有限公司
	智能制造 射频识别系统 标签数据格式	GJBCPZT0237-2017	已立项	青岛海尔工业智能研究院有限公司
	智能制造 基于OID的异构标识解析体系互操作	GJBCPZT0238-2017	已立项	青岛海尔工业智能研究院有限公司
	离散型智能制造能力建设指南	GJBCPZT0239-2017	已立项	青岛海尔工业智能研究院有限公司
	流程型智能制造能力建设指南	GJBCPZT0240-2017	已立项	青岛海尔工业智能研究院有限公司
	智能生产订单管理模型	GJBCPZT0247-2017	已立项	青岛海尔工业智能研究院有限公司
	智能制造 大规模个性化定制通用要求	GJBCPZT0248-2017	已立项	青岛海尔工业智能研究院有限公司
	智能制造 大规模个性化定制需求交互规范	GJBCPZT0249-2017	已立项	青岛海尔工业智能研究院有限公司
	智能制造 大规模个性化定制术语	GJBCPZT0250-2017	已立项	青岛海尔工业智能研究院有限公司
	智能制造 大规模个性化定制设计规范	GJBCPZT0251-2017	已立项	青岛海尔工业智能研究院有限公司

续表

标准类别/个数	标准名称	立项号	项目程度	制定单位
国家标准/20	智能制造 大规模个性化定制生产规范	GJBCPZT0252-2017	已立项	青岛海尔工业智能研究院有限公司
	个性化定制 分类指南	GJBCPZT0253-2017	已立项	青岛海尔工业智能研究院有限公司
	智能制造 多模态数据融合系统技术要求	GJBCPZT0262-2017	已立项	青岛海尔工业智能研究院有限公司
	智能制造 工业大数据平台通用要求	GJBCPZT0263-2017	已立项	青岛海尔工业智能研究院有限公司
	智能制造 工业数据 空间模型	GJBCPZT0264-2017	已立项	青岛海尔工业智能研究院有限公司
	智能制造 工业大数据时间序列数据采集和存储框架	GJBCPZT0265-2017	已立项	青岛海尔工业智能研究院有限公司
	工厂定制化生产模式认证实施指南		已提交申请	青岛海尔工业智能研究院有限公司
	智能实验室检测设备通信要求		已提交申请	青岛海尔工业智能研究院有限公司
	近零能耗建筑技术标准		已立项	青岛被动屋工程技术有限公司
	户式能量回收新风热泵一体机产品标准		已提交申请	青岛被动屋工程技术有限公司
行业标准/9	被动式住宅多工况一体机组技术标准		正在申请	青岛被动屋工程技术有限公司
	被动式住宅多工况一体机组技术标准		正在申请	青岛被动屋工程技术有限公司
	被动式建筑综合智能楼控系统设计、施工、验收标准		正在申请	青岛被动屋工程技术有限公司
	STP真空绝热板在被动式建筑设计、施工、验收标准		正在申请	青岛被动屋工程技术有限公司
	被动式住宅高效新风热回收机组技术标准		正在申请	青岛被动屋工程技术有限公司

续表

标准类别/ 个数	标准名称	立项号	项目程度	制定单位
行业标准/9	被动式建筑用钢塑复合节能门窗标准		正在申请	青岛被动屋工程技术有限公司
	被动式建筑用塑木复合节能门窗标准		正在申请	青岛被动屋工程技术有限公司
	被动式建筑幕墙用节能材料、板材、玻璃、密封材料技术标准		正在申请	青岛被动屋工程技术有限公司
	户式新风系统运营调试策略标准		正在申请	青岛被动屋工程技术有限公司
地方标准/7	实验室微藻种质资源库构建指南		已提交申请	青岛华大基因研究院
	基于伦理及动物保护原则的实验用鱼安乐死标准化流程		已提交申请	青岛华大基因研究院
	防止实验用鱼对野生群落生态入侵的多向隔离养殖方法及标准		已提交申请	青岛华大基因研究院
	基于高通量测序技术与宏基因组数据分析指导下的海洋鱼类肠道微生物筛选鉴定标准		已提交申请	青岛华大基因研究院
	针对高通量测序的野外鱼类核酸样本采集、处理及保存		已提交申请	青岛华大基因研究院
	基于二代测序平台的海洋鱼类核酸样本制备方法及质量标准		已提交申请	青岛华大基因研究院
	棘皮动物基因组DNA提取纯化及测试方法		已提交申请	青岛华大基因研究院
园区、企业标准/1	青岛中德生态园道路附属设施智慧标准		征求意见	青岛中德生态园规划建设局

中德生态园标准化体系如图2-14所示。

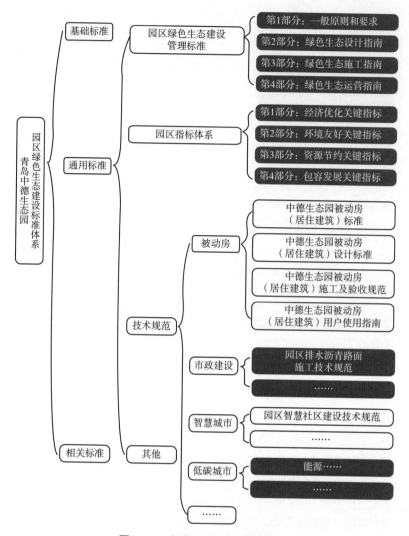

图2-14　中德生态园标准化体系

名人评价

"中德生态园的低碳、环保、可持续的理念是未来城市发展的方向。"

——美国经济趋势基金会主席、《第三次工业革命》作者
Jeremy Rifkin（杰里米·里夫金）

中德生态园项目展示了工业生产与环境保护如何结合起来，在中国经济中将起到巨大的信号作用，不仅是生态的角度的生产，同时也展示了理智的生产。

——德国巴伐利州经济部前部长、巴州经济顾问
委员会主席，威斯豪耶博士

第3章　生态导向的生态园规划体系

生态城市规划是一个新兴的领域，而产业园区的生态规划探索更加难得。中德生态园在中国和德国规划企业、研究机构的合作下，开展了有益的探索，形成了一个从概念规划、总体规划、控制性详规、修建性详规以及城市设计的完整的规划体系。同时，中德生态园对于其规划体系的评估积累了良好的经验。

随着城市生态环境与资源问题的日益突出，民众对健康、和谐、可持续的人居环境的诉求不断增长，政府对生态文明建设的要求也不断强化。在这种背景下，生态城市规划逐步由理论层面的探讨研究向全社会的建设行动发展。作为一项具有公共政策属性的社会实践活动，城市规划与城市环境、公众利益和政府决策有着密切的联系，如何应对生态导向的城市发展要求、落实城市生态发展目标，已成为城市规划领域重点探讨的问题。

青岛中德生态园全面贯彻"创新、协调、绿色、开放、共享"的新发展理念，认真落实国家生态文明建设、新型城镇化和低碳城市建设的战略部署，加强绿色低碳发展的创新实践，积极探索和发现未来城市绿色低碳发展的科学路径。在规划建设过程中，坚守生态发展理念与园区定位，结合资源环境条件，实施生态保护与修复，将园区生态规划建设纳入城市规划与综合管理体系，并与区域空间规划和建设全面衔接，建立以绿色发展为核心的规划体系和涵盖资源、环境、经济、社会四大领域的生态指标体系，明确生态底线与生态建设指标，引导、控制建设行为，保证生态、生产、生活空间的协调。从被动的生态保护转向主动的协作治理与可持续园区建设，将生态理念融入城市空间规划的全过程，丰富城市规划编制内容，在完善城市规划的同时，保证生态发展目标的实现。

3.1　生态导向的产业园区规划编制

3.1.1　生态城市规划理论的发展

生态规划理念产生于19世纪末期，最初仅是以景观美化为主的简单措施解决生态问题；到20世纪初，生态规划开始从城市整体结构与布局层面探索解决生态问题的方法，一系列生态学相关的理论与技术方法被引入城市规划实践中；至20世纪60年代，现代生态规划奠基人伊恩·伦诺克斯·麦克哈格（Ian Lennox McHarg）系统性地提出了城市与区域土地利用生态规划方案的基本思路，生态规划不再局限于用地布局、空间等方面，而是作为一种规划方法，逐步扩展到经济、人口、资源、环境等诸多方面。

我国于20世纪80年代开始引入生态规划的概念，至今在理论研究与实践方面均取得了一系列的成就。目前，国内关于生态规划理论研究的发展与演化可以概括为3种类型。

（1）以土地空间资源及其利用为主要规划与研究对象，该类型的生态规划研究重点关注生态化的土地利用与空间资源配置。

（2）以城市生态系统为主要规划与研究对象，该类型的生态规划研究不再局限于狭义的城市物质生态环境，而是综合考虑社会、经济效益及人居环境，并与空间规划相结合，更加强调自然资源利用与合理布局，协调人、城市、资源、环境之间的关系，实现城市的可持续发展。

（3）综合考虑土地资源与城市生态系统，在认同以上规划类型的基础上，提出将生态学原理与城市规划、环境规划相结合，倡导在城市规划编制与实施过程中导入生态学领域的研究成果，通过城市规划生态化将城市规划与生态规划融合在同一个理论框架下，构建生态导向的城市规划编制体系。将生态规划作为实现城市生态发展目标的技术保障，将城市规划作为生态发展理念落地的实施路径，共同推进生态规划与城市规划的发展。目前该类型的规划编制思路在生态规划与城市规划领域内已达成共识。

在生态导向的城市规划编制实践方面，北京、深圳、天津、重庆等国内城市结合实践项目进行了若干有益的尝试，涉及总规、控规、修规等各层次规划的制定与实施：在总规编制层面，主要针对如何制订生态发展目标与控制指标、保护现状生态资源、引导城市集约布局、提升城市发展质量等内容，从宏观层面引导城市与自然可持续发展；在控规层面，主要考虑把城市生态建设的核心指标与要求在空间上进行管控落实，作为实施生态导向的城市规划的重要抓手；在修规层面，更加强调因地制宜，根据现状条件，按照"尊重基底、适应环境、生态优先"的原则进行设计。

3.1.2　生态导向的产业园区规划编制实践

青岛中德生态园首先根据自身发展现状与发展目标，针对建设过程中遇到的实际问题，建立了以资源保护、生态体系建设与绿色创新为导向，涵盖概念规划、总规、控规、修规及规划评估等各层次的规划编制体系。而后根据生态建设所具有的总体统筹特征、空间属性及实施落地的需求，积极寻求生态规划与城市空间规划融合的路径，建立了"总规构建目标框架、控规搭建行动路径、修规落地实施"的工作思路，将生态建设的要求落实到现有城市规划，特别是法定规划的编制、实施和管控中，保证园区绿色发展战略思想的实现。

3.1.2.1　总规层面

加强顶层设计，建立复合生态导向规划指标体系，规划基于建设具有国际化示范意义的高端园区和美丽宜居的绿色园区的生态发展目标，通过生态资源约束与承载力专题研究，根据园区资源保护与利用的管控需求，建立了涵盖经济繁荣、资源节约、环境友好、社会和谐四大领域的综合性生态指标体系，共40项指标内容，作为统领园区规划建设的纲领性文件，贯穿园区各项工作。同时，结合资源保护、城市化发展与运营管控需求，对生态建设和低碳管控相关指标进行评估、调整和细化。

（1）识别重要生态要素，构建区域生态安全格局。

规划统筹山、林、水、地等各生态子系统涉及的空间管控要求及城市生态环境构建需求。通过ArcGIS平台，将高程、坡度、起伏度、植被覆盖、水文、生境6个生态环境因子分别赋权重并叠加，梳理出园区高生态敏感性的保护空间；落实相关法规对公益林、饮用水源地等强制要素的生态保护要求，识别重要生态斑块；构建满足环境保护、热岛缓解、通风降噪、生物迁徙及雨洪蓄排等所需的生态廊道；系统地构建绿地空间，全面保护山林资源、水系网络，划定生态安全管控区。通过预留和控制多层级的生态廊道，串联形成园区"一核、两带、三心、多廊"的生态安全格局（见图3-1），并针对各类空间提出生态保育与建设修复措施，达到区域生态安全的目的。

图3-1　园区生态安全格局规划示意

（2）划定生态红线，引导用地集约布局。

为保障园区的基本生态安全，维护园区生态系统的稳定性与连续性，深化生态安全格局管控要求，划定两级生态保护红线，在空间规划中进行定位控制（见图3-2）。

图3-2　园区生态控制线规划示意

一级控制线范围为禁止建设区域，主要包括水系蓝线、重要公益林地保护区和生态高度敏感区。高程超过150米的高地、林地、水域以及维护生态系统完整性的生态廊道和绿地，面积约1.85平方千米。

二级控制线范围为限制建设区域，主要包括水系外围缓冲控制区、集中式水源地二级保护区、保留的冲沟带、构建的生态廊道、防护绿带、通风廊道及生态敏感性较高地区，面积约10.10平方千米。

3.1.2.2　控规层面

（1）探索建立绿色生态园区空间模式。

结合国际标准和园区目标，落实复合生态指标体系中关于社会发展与治理的指标要求，探索园区发展的绿色创新空间模式。

在用地规划方面：引导用地混合与功能复合，构建居住、就业、绿地、商业服务、教育和医疗等多样功能的邻里社区组团；每个组团面积控制在0.6平方千米左右，均衡布置于场地之中；同一地块中混合多种功能布局，以实现一天24小时、一周7天无间断的活力地区（见图3-3）。

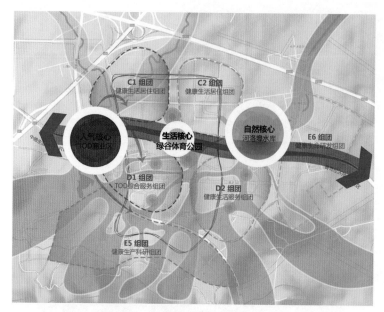

图3-3　中德生态园功能布局规划

在空间组织方面：打造开放街区，取消地块围墙，实现公共服务设施、绿地和公共商业系统的公开共享，建立与机动车分离的绿道系统，保障慢行系统的舒适性与安全性；从社会公平、均等服务等角度出发，既为吸引高端人才和满足国际化服务创造条件，同时尊重原住民与普通就业人员的生活需求，建设多阶层、多元文化融合的和谐社区。

（2）指标分解，纳入控规地块分区管控。

为落实规划目标和总体控制指标，在控规片区层面对差异化控制和评估指标提出具体控制要求，把控规作为实施生态导向城市规划的主要抓手。将其中16项指标落入控规地块图则，作为地块开发建设的管控条件，主要包括：绿地指标（绿地率、节约型绿地建设率）、生态空间和生物多样性指标（园区范围内原有地貌和肌理保护比例、乡土物种比例、湿地资源保存率、水面率）、绿色供排水指标（年径流总量控制率、下凹式绿地率、透水铺装率、绿色屋顶率、非传统水资源利用率、再生水供水管网覆盖率）、绿色能源指标（太阳能光伏安装率、太阳能光热利用、设计能耗降低10%的新建建筑面积比例、二星及以上绿色建筑比例等）。

3.1.2.3　修建型详细规划层面

（1）推进生态治理与修复。

对园区及周边6处山体进行地灾整治和植被恢复，营造山体绿色生态走廊；对3条山溪、14座塘坝进行综合治理，建成山王河湿地公园、市民休闲广场等。

（2）推行建筑垃圾无害化、资源化再利用。

对可回收利用的建筑垃圾进行精细化分拣，推进资源化利用。例如，将园区村庄拆迁产生的约14万吨石材、木料等资源回收利用。一方面结合牛齐前村、西郭村等村庄的保护利用，用于房屋建筑、道路铺装与景观小品建设，充分保留原有村落特色；另一方面，结合高差处理与河道修复，用于生态驳岸、挡土墙等建设。对不可回收建筑垃圾实施无害化处理。落实城市"双修"要求，利用建筑垃圾对牛齐山山体破坏区域进行修复，还原山体原有形态，修复山体面积约4公顷；结合园区快速自行车道等工程建设，利用建筑垃圾进行工程填方，减少土方约19万立方米，降低了工程取土对园区生态环境产生的影响。

（3）推广绿色建筑。

在全面落实国家绿建标准的基础上，引入德国可持续建筑评估体系（Deutsche Gesellschaft für Nachhaltiges Bauen，DGNB）、被动房等绿色建筑标准；德国企业中心项目获得了德国DGNB最高铂金奖认证；已建成的被动房技术中心是亚洲获得德国被动房研究所（Passive House Institute，PHI）权威认证的体量最大的单体被动式建筑（见图3-4），同时获得国际空间设计大奖艾特（Idea-Tops）奖，并将被动房技术在街区尺度进行了进一步推广。

图3-4　被动房技术中心

3.2　中德生态园规划体系

2010年7月16日，中国商务部与德国经济和技术部签署了《关于共同支持建立中德生态园的谅解备忘录》，确定在青岛合作建立中德生态园。

时任中国国务院总理温家宝2011年6月访德期间，在第六届中德经济技术合作论坛上发表了题为《做共同发展的好伙伴》的演讲，指出2010年两国已签署共同建立生态园合作协议，在中国青岛建立首个中德生态园，欢迎德方企业积极参与规划和建设。

2011年6月，园区管委会与德国gmp公司签署中德规划编制联合体框架协议，标志着中德生态园首个规划启动编制（见图3-5）。

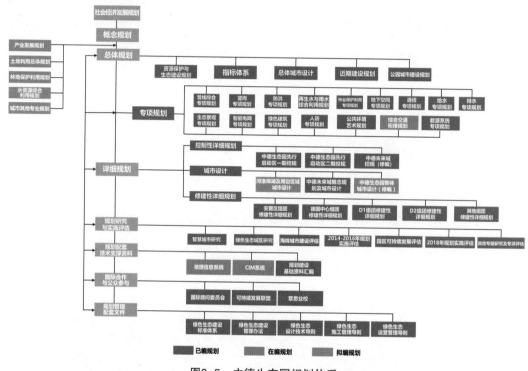

图3-5　中德生态园规划体系

2012年4月，中德生态园生态指标体系在德国汉诺威召开的第三次双边工作组会议上发布，标志着指导中德生态园"生态、示范"发展的纲领性文件正式形成。

对标德国标准，中德生态园引入德国gmp、SBA、Obermeyer（欧博迈亚）、energy—design（设能）等数十家世界知名设计咨询公司参与园区规划设计、绿色咨询。园区还与世界上最严格的可持续建筑认证体系——德国DGNB标准建立合作，对园区建筑进行可持续认证；中德生态园指标体系通过德国三大认证机构之一TÜV Nord公司认证。

3.2.1　规划体系、原则与总规布局

中德生态园规划编制，创新规划编制思路，强化规划编制协同，通过概念规划指导、指标体系统领、专项规划深化，实现各项规划之间的无缝衔接和深度融合，并组织编制具有总规指导作用的资源保护与生态体系建设规划，将园区生态、智慧建设理念全面落入控规，进行整体把控，以最大限度地实现生态环境的保护、资源能源的节约，尽可能减少污染和破坏，促进园区健康协调可持续发展。

截至目前，园区已完成包括概念规划、产业规划、总体规划（资源保护与生态体系建设规划）、专项规划、详细规划、城市设计等各类规划成果32项，形成交通基础设施可持续性设计、绿色生态城区等各类规划专题研究成果，并完成了以海绵城市建设为导向的园区规划实施评估，同步启动了园区规划实施评估准备工作，基本形成了符合中德生态园资源环境特点，适应中德生态园及区域发展目标的绿色生态规划体系（见表3-1）。

表3-1　　　　　　　　　　　　中德生态园规划成果列表

类别	序号	名称	编制单位	日期
概念规划	1	青岛国际经济合作区先行启动区一期产业规划	中国通用咨询公司	
	2	青岛国际经济合作区先行启动区一期概念规划	德国GMP建设设计有限公司	2011年12月
	3	青岛国际经济合作区先行启动区二期概念规划（中日韩地方经济合作区）	中国城市规划设计研究院/青岛市城市规划设计研究院	2014年12月
	4	青岛国际经济合作区先行启动区二期概念规划（韩星城）	青岛智健园投资发展有限公司	2014年2月
总体规划	5	青岛国际经济合作区先行启动区资源保护与生态建设规划	中国城市规划设计研究院/青岛市城市规划设计研究院	2015年10月
	6	青岛国际经济合作区先行启动区生态指标体系	天津御道工程咨询公司	2012年3月
专项规划	7	青岛国际经济合作区先行启动区一期人防专项规划	青岛人防工程设计研究院	2014年12月
	8	青岛国际经济合作区先行启动区一期地下空间专项规划	同济大学、青岛城市规划设计研究院、山东科技大学联合体	2014年8月
	9	青岛国际经济合作区先行启动区一期能源专项规划	新奥能源服务有限公司	2012年7月
	10	青岛国际经济合作区先行启动区一期绿色建筑专项规划	上海市建筑科学研究研（集团）有限公司工程建筑新技术事业部及研究所	2014年9月
	11	青岛国际经济合作区先行启动区一期生态景观专项规划	欧博迈亚工程咨询有限公司	2014年2月
	12	青岛国际经济合作区先行启动区一期智能电网专项规划	天津天大求实公司	2013年8月
	13	青岛国际经济合作区先行启动区一期管线综合专项规划	青岛市市政工程设计研究院	2014年6月
	14	青岛国际经济合作区先行启动区一期通信专项规划	青岛市市政工程设计研究院	2014年2月
	15	青岛国际经济合作区先行启动区一期排水专项规划	天津市政设计研究院	2014年1月
	16	青岛国际经济合作区先行启动区一期雨水综合利用专项规划	青岛市水利勘测设计研究院	2015年2月
	17	青岛国际经济合作区先行启动区一期水资源综合利用（给水）专项规划	同济大学机械与能源工程学院	2014年9月
	18	青岛国际经济合作区先行启动区一期防洪排涝专项规划	青岛水利设计研究院	2013年6月
	19	青岛国际经济合作区先行启动区二期电力工程专项规划	青岛市城市规划设计研究院	2015年11月
	20	青岛国际经济合作区先行启动区二期防洪排涝专项规划	青岛市城市规划设计研究院	2015年11月
	21	青岛国际经济合作区先行启动区二期供热工程专项规划	青岛市城市规划设计研究院	2015年11月
	22	青岛国际经济合作区先行启动区二期燃气工程专项规划	青岛市城市规划设计研究院	2015年11月
	23	青岛国际经济合作区先行启动区二期排水工程专项规划	青岛市城市规划设计研究院	2015年11月
	24	青岛国际经济合作区先行启动区二期通信工程专项规划	青岛市城市规划设计研究院	2015年11月
	25	青岛国际经济合作区先行启动区二期再生水与雨水利用专项规划	青岛市城市规划设计研究院	2015年11月

续表

类别	序号	名称	编制单位	日期
专项规划	26	青岛国际经济合作区先行启动区二期给水专项规划	青岛市城市规划设计研究院	2015年11月
	27	青岛国际经济合作区先行启动区二期管线综合专项规划	青岛市城市规划设计研究院	2015年11月
	28	青岛国际经济合作区先行启动区竖向专项规划	江苏交通科学研究院	2013年7月
详细规划	29	青岛国际经济合作区先行启动区一期控制性详细规划	青岛市城市规划设计研究院	2015年7月
	30	青岛国际经济合作区先行启动区一期城市设计	欧博迈亚工程咨询有限公司	2014年2月
	31	青岛国际经济合作区先行启动区二期控制性详细规划	青岛市城市规划设计研究院	2015年6月
规划研究与实施评估	32	青岛国际经济合作区先行启动区二期城市设计	欧博迈亚工程咨询有限公司	2016年1月
	33	青岛国际经济合作区先行启动区一期绿色城区专项规划（一）	同济大学	2013年5月
	34	青岛国际经济合作区先行启动区一期绿色城区专项规划（二）	同济大学	2013年5月
	35	青岛国际经济合作区先行启动区一期绿色城区专项规划（三）	同济大学	2013年5月
	36	青岛国际经济合作区先行启动区一期交通基础设施可持续性设计咨询（一）	德国SBA公司	2013年2月
	37	青岛国际经济合作区先行启动区海绵城市建设评估	中国城市规划设计研究院/青岛市城市规划设计研究院	2016年3月

3.2.2　规划原则

坚持"生态优先、低碳发展"，创新资源开发利用方式，优化国土开发格局；坚持构建生态产业、生态环境、生态文化、生态人居和能力支撑保障体系，促进自然生态环境与人工生态环境和谐共融，建设生态园区（见图3-6）。

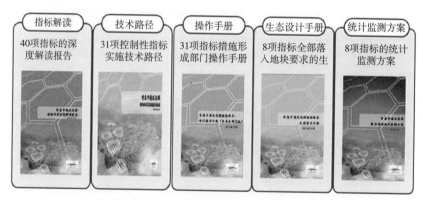

指标解读	技术路径	操作手册	生态设计手册	统计监测方案
40项指标的深度解读报告	31项控制性指标实施技术路径	31项指标措施形成部门操作手册	8项指标全部落入地块要求的生	8项指标的统计监测方案

图3-6　中德生态园生态指标与规划体系

3.2.3　中德生态园规划体系

3.2.3.1　青岛中德生态园先行启动区一期概念规划

（1）概述。

中德生态园概念规划以青岛特有的天然岩石作为创作主题。设计将这一独特而又具体的形象转化为生态园区的设计概念。圆形岩石状的组团设计，作为镶嵌在自然景观和环境中的人工建造区域（见图3-7）。概念规划中所有8个"岩石区"均采取相似的内部几何秩序，但又根据其具体位置、周边街道和具体地形情况，在尊重东侧天然大湖和主要街道布局的基础上，分别呈现出独特各异的外观。所有岩石区均位于普通地形区；重要地形区则根据其具体地形寻找相应的建筑对策。总体规划的整体布局反映和表达了同一用地内两种不同地形所特有的双重性。

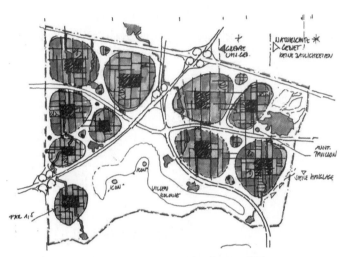

图3-7　中德生态园概念规划示意图

（2）规划策略（见图3-8）。

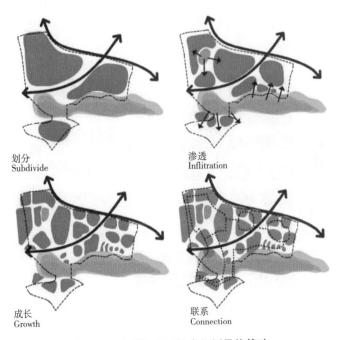

划分
Subdivide

渗透
Inflitration

成长
Growth

联系
Connection

图3-8　中德生态园概念规划具体策略

- 生态优先，有机联通。
- 廊道渗透，组团布局。
- 塑造形象，彰显特色。

（3）规划原则与理念。

- 简洁性：在设计中寻找最合理的答案，在简洁中追求完美。
- 多样统一性：在多样中达到统一，在统一中创造多样。
- 独特性：从特定的情况与命题出发进行个性设计。
- 条理分明的秩序：赋予设计以条理分明的结构秩序，将功能组织成清晰的建筑形式。

3.2.3.2 资源保护与生态建设规划（代总体规划）

（1）概述。

党的十八大提出"五位一体"以来，生态文明理念更加深入人心，并渗透到社会经济和城市建设的各个方面。绿色发展、低碳示范是中德生态园的重要职能，既是中德两国政府赋予中德生态园的历史使命，也是中德生态园对世界的承诺和建设发展的重要动力。

本规划坚持"生态优先、低碳发展"，创新资源开发利用方式，优化国土开发格局，以良好的生态环境支持园区发展，全面提升基础设施绿色化水平和生态环境综合监管能力，构建生态产业、生态环境、生态文化、生态人居和能力支撑保障体系，促进人与自然和谐、人居环境良好、生态经济发达、资源利用集约、人民生活富裕，有力支撑中德生态园建设成为具有国际化示范意义的高端生态示范区、技术创新先导区、高端产业集聚区、和谐宜居新城区（见图3-9）。

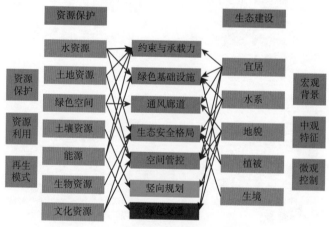

图3-9 资源保护与生态建设中德生态园先行启动区资源保护与生态建设规划（代总规）

（2）规划策略。

- 资源保护与整合利用策略。
- 生态空间系统构建策略。
- 生态管控与实施策略。

（3）技术路线。

本规划采用目标和问题双导向的技术思路，基于宏观背景、发展趋势和自身需求，确定规划目标；基于资源禀赋、利用条件和生态环境现状，识别存在的问题；对比现状问题与目标的差距，结合当前园区建设情况，借鉴国内外优秀案例，形成具有针对性的策略路径。研究确定区域生态安全格局，形成管控体系、指标体系、生态建设和资源保护措施以及绿色基础设施提升措施，并针对园区特征，将各项控制要求、实施工程按单元进行分解。

3.2.3.3　控制性规划

衔接法定规划，并对各系统涉及空间管控的生态建设要求进行整体统筹划定生态控制线一级控制线范围为禁止建设区域，主要包括水系廊道一级控制线范围、公益林保护区和生态极度敏感地区。生态极度敏感地区包括坡度大于15%的山地、高程超过150米的高地、林地、水域以及维护生态系统完整性的生态廊道和绿地，总面积约1.85平方千米。

二级控制线范围为限制建设区域，主要包括水系廊道二级控制统范围、集中式水源地二级保护区、保留的中沟带、构建的生态廊道防护绿带、通风廊道及生态敏感性较高地区，总面积约10.1平方千米（见图3-10）。

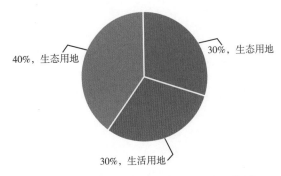

图3-10　中德生态园土地利用类型控制标准

从社会公平、均等服务等角度出发，既为吸引高端人才和满足国际化服务创造条件，同时考虑务工人员和普通市民的基本保障，建设一个多阶层、多元文化交融的和谐城区见图3-11。

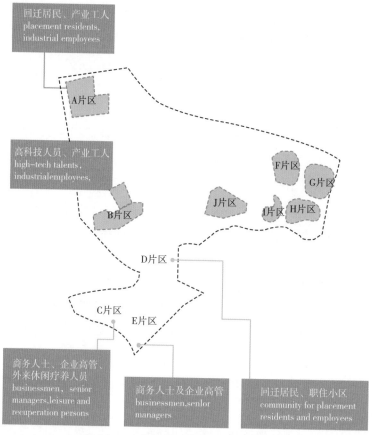

图3-11　中德生态园居住空间规划设计

中德生态园的控制性规划规划策略包括：

- 紧凑布局，有利产城融合；
- 职住平衡，有利多元包容；
- 交通高效，有利绿色快捷；
- 资源集约，有利循环利用；
- 开放衔接，有利区域协调。

3.2.3.4　城市设计

中德生态园城市设计的规划理念包括：

- 自然：独立性。各个单独的元素在特定的环境下，既有相似性，又有自己的特点和功能，共同构成一个系统。

- 文化：由城墙保护的城市结构。具有清晰且独立形式的密集城市区域，尊重自然环境，限制城市扩张。

- 生态城市：不同组团构成一个完整、和谐的城市，同时在不同城市区域保留不同功能和独特的个性。以尊重自然和可持续发展原则为目标，力图减少城市足迹。

- 分区主题：规划为每个区域创造属于自己的主题特征，有助于为每一个区域打造一个容易识别容易记忆的意向。
- 开放空间：依据其性质与构成不同，主要分为城市广场型开放空间与公园绿地型开放空间。两种类型开放空间有机联系，彼此互通，带来多样的空间感受。
- 城市风貌：结合规划区丰富山地与水体特色，通过渗透及构建网络方式，将抓马山丰富自然景观资源引入城市建设区，使城市景观与自然景观有机融合。

3.2.4　中德生态园绿色生态规划体系特色

园区规划编制过程中将社会发展规划、土规、产业规划纳入绿色规划体系，注重多规融合，增强了规划体系的完整性与各项规划的可实施性。

规划成果体系依托园区资源环境条件与自身发展需求构建，充分考虑规划建设特点，先于国家要求编制了生态建设规划、整体城市设计、绿色建筑专项等规划；根据自身条件开展海绵城市与综合管廊建设评估；基于本地人文资源保护，启动村庄保护与利用建设方案研究；综合体现了整体的合理性、系统性、前瞻性和开放性，也体现了园区规划与实施的本色和底线。

（1）以生态指标引领规划编制，并以概念规划、资源保护与生态建设规划和控制性详细规划三位一体，确保了园区规划目标与原则的全面贯彻落实。

（2）在规划编制与实施中，全面开展专题研究和典型案例分析，积极借鉴国内外生态城镇规划先进理念和有益经验，为园区规划建设提供不断强化的专业支撑。

（3）伴随园区大规模建设、大型产业项目的引进以及园区范围的拓展，并适应国家发展战略的深化落实，园区规划体系需要在青岛西海岸新区及更大区域的空间规划框架中，进行调整、优化和完善。

3.3　中德生态园绿色生态建设模式

无论是产业园区，还是新型城区的绿色生态建设，迄今为至尚处于摸索阶段，并未形成国家的标准和制度。经过6年时间的建设与探索，中德生态园逐步形成了一个具有推广意义的生态园绿色生态建设模式，总结如下：

（1）在生态园建设之初，制定了一套可量化的发展目标指标体系，作为纲领性文件，引领园区规划和建设；

（2）制定了绿色生态建设管理办法和绿色生态管理流程，作为园区政府管理文件，使绿色生态指标的落实及建设合法化；

（3）编制了绿色生态实施方案以及绿色生态设计、施工、运营导则，作为绿色生态建设技术的支撑文件，指导入驻园区的企业进行绿色生态技术建设；

（4）对入驻园区的项目的建设进行全过程技术审查，确保项目建设过程中绿色生态指标的落地；

（5）结合各项目的实施及运营情况，定期对绿色生态技术指标的合理性及实施效果进行评估、反馈，及时发现并解决问题（见图3-12）。

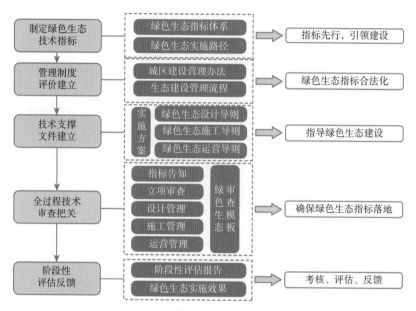

图3-12 中德生态园绿色生态建设模式

3.3.1 坚持标准先行，引领绿色生态建设

园区立足"绿色""生态"两个关键因素，为确保经济、环境、资源、社会四大领域的平衡发展，先行建立了可量化的40项生态指标，包括31项控制性指标和9项引导性指标，其中6项为中德生态园首次提出。该生态指标涵盖了经济优化、环境友好、资源节约等方面，为园区的各项建设划定了"生态红线"，充当了城市规划、建设、管理等全过程的"导航仪"，并作为统领园区绿色低碳发展的纲领性文件和控制碳排放的主题主线，贯穿于各项工作。

3.3.2 出台管理办法，保障绿色生态实施

为确保园区指标体系的有效落实、加快推进绿色生态城区建设、扶持绿色生态项目的建设，青岛中德生态园管理委员会于2015年12月正式发布了《青岛中德生态园绿色建

设管理办法》。该《管理办法》对园区范围内的企业提供相应的优惠政策：对从事符合条件的环境保护、节能节水项目，以及购置并实际使用符合规定条件的环境保护、节能节水专用设备的企业，按照国家税收有关规定享受企业所得税优惠；对符合国家、省、市、区以及园区政策的新兴产业项目、高新技术产业项目、生态低碳产业项目，按照相关规定给予支持；对符合国家、省、市、区奖励政策的项目，协助项目单位申请相关奖励。

此外，青岛西海岸新区管理委员会对青岛中德生态园绿色生态的建设发展给予了大力支持，对于在园区内率先落实建设的三星级绿色建筑及德国可持续建筑评估体系金奖级及以上绿色建筑给予80元/平方米的资金扶持，对被动式超低能耗建筑给予200元/平方米的资金扶持；装配式建筑生产企业可享受增值税即征即退的优惠政策；装配式建筑项目可免缴建筑废弃物处置费，享受农民工工资保证金、履约保证金减半征收的优惠政策。

3.3.3　编制技术文件，指导绿色生态建设

在充分调研、借鉴国内外其他生态城区建设成功经验的基础上，结合青岛中德生态园实际情况，编制了《青岛中德生态园绿色生态城区实施方案》《青岛中德生态园绿色生态施工管理导则》《青岛中德生态园绿色生态设计导则》《青岛中德生态园绿色生态运营管理导则》等技术标准文件（见图3-13），全过程指导管理部门、设计单位、施工单位和运营管理单位的绿色生态建设，为项目单位提供强有力的技术支撑和保障。

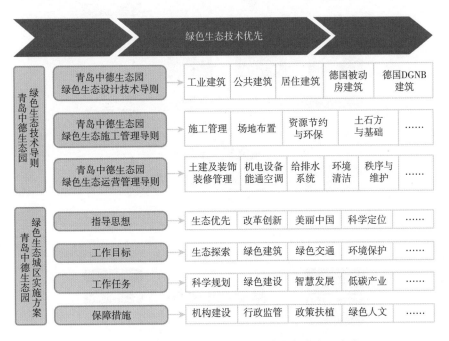

图3-13　园区绿色生态技术导则及实施方案主要内容

3.3.4 成立绿色建筑研究院，全过程技术审查把关

为更好地推动园区的绿色、低碳建设，确保各个项目在建设过程中落实绿色生态目标，园区学习、借鉴国内先进城区的管理经验，成立了青岛中德生态园绿色生态建设研究院（以下简称"中德绿建院"），对入驻园区的项目进行全过程的绿色生态技术审查（见图3-14、表3-2）。

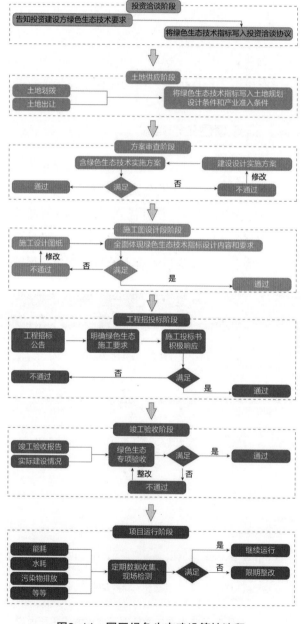

图3-14 园区绿色生态建设管控流程

表3-2　　　　　　　　　　　青岛中德生态园绿色生态技术审查阶段及主要工作内容

序号	阶段名称	主要工作内容
1	投资洽谈阶段	在与项目单位进行投资洽谈时,告知园区相关绿色生态技术要求; 签署投资协议时,明确约定投资方应当履行的绿色生态指标要求,投资方承诺在建设和经营过程中全面履行相关要求
2	土地供应阶段	进行地块土地出让/划拨时,中德绿建院根据项目情况,出具项目土地供应阶段地块绿色生态指标告知书; 土地处将绿色生态技术指标要求写入规划设计条件或产业准入条件中
3	方案审查阶段	项目单位提交含"建设项目绿色生态建设方案设计专篇"的建设工程设计方案,并通过中德绿建院的技术审查
4	施工图审查阶段	项目单位提交含"建设项目绿色生态设计专篇"的施工图设计文件,并通过技术审查。施工图设计文件完成后,项目单位应积极组织申报绿色建筑设计评价标识
5	工程招投标阶段	政府投资和社会投资项目的建设单位在投标文件中应明确项目绿色施工的要求,施工单位的投标文件应响应绿色施工相关要求,招投标组织单位在评标时,应对投标文件的绿色施工内容进行审查
6	竣工验收阶段	项目单位组织施工单位。监理单位进行绿色生态建设专项验收,提交"项目绿色生态建设验收专篇"文件,并通过技术审查
7	运营管理阶段	园区运营管理单位及项目单位每年向园区相关主管部门提供项目运营数据,专业机构对园区项目运营数据进行技术分析。提出优化建议,园区相关主管部门加强运营管理阶段的监督检查和实时监测

3.3.5　阶段评估反馈,确保绿色生态技术指标合理性

在青岛中德生态园的建设和运营过程中,结合园区内各工程的实施情况,对已编制完成规划和指标体系实施动态评估,建立了包括每年度常态化评估、三年中期评估和五年全面修正评估的三级对应维护机制。其中,绿色生态建设的年度动态评估与年度行动计划的制定相结合,对绿色生态发展变化、规划编制体系完善、规划审批管理、年度建设情况进行总结分析,为下一年度规划建设计划、投资计划等提供依据;中期评估与近期建设规划相结合,调控近期建设重点,保障规划的近远期一致性;全面评估主要针对影响专项规划时效性的重大事项进行评估论证,适时启动专项规划修编程序,最终建立"描述—分析—评价—修订"的规划评估机制,确保绿色生态技术指标的合理性。

综上所述,绿色、生态、低碳是可持续发展在城市中的具体体现,是我国城市发展的最终方向。加快推进绿色生态城市建设有助于促进城市转型发展,对提高城市建设质量有重要意义。青岛中德生态园作为中德两国政府唯一的合作园区,其建设模式有效保障了各项绿色生态技术指标的实现,已成为面向世界展示经济蓬勃、能源节约、生态宜居的新型

城市典范，为中国乃至世界未来城市的可持续发展提供示范和引领。

3.4 中德生态园资源保护与生态建设规划实施评估

对规划体系开展评估的主要目的是：

- 总体把握生态建设理念在园区开发实践中的落实情况，纠正生态建设方面的偏差；
- 根据园区发展需求，进一步补充完善园区规划体系，对规划存在的问题提出优化方案；
- 为园区后续规划编制、实施、管理提出指导性意见和决策依据；
- 为建立园区规划评估与动态调整长效机制奠定基础。

3.4.1 中德生态园规划实施评估的指导原则与技术方法

中德生态园规划实施评估从常规的实施结果与规划一致性评估转变为：根据评估资料的掌握以及对园区现实运作状况的认知，综合考虑政策、机制等因素对规划实施的影响的评估。中德生态园规划实施评估方法由常规的定性判断转变为：定性与定量分析相结合、系统与比较分析相结合，以及GIS技术叠加与定点航拍等新兴技术相结合多组合评估方法（见图3-15）。

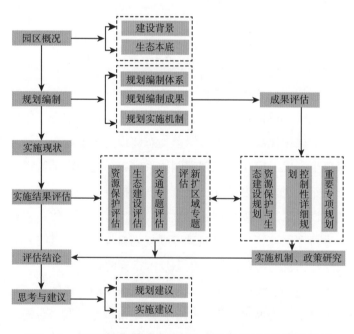

图3-15 中德生态园资源保护与生态建设规划实施评估框架

3.4.2　中德生态园资源保护与生态建设规划实施评估的主要结论

从中德生态园的规划体系、规划成果和实施机制得到以下的评估结论。

（1）中德生态园的规划理念先进，与国家宏观发展要求契合。

自建园之初就明确了"生态、智慧改善生活，开放、融合提升品质"的发展理念，与国家转型发展、生态文明建设和低碳城市建设的战略部署高度契合。

以生态建设为纲领引领规划编制，并以概念规划、资源保护与生态建设规划和控制性详细规划三位一体，确保了园区规划目标与原则的全面贯彻落实。

各项规划成果基本达到了技术标准要求，所确定的管控指标基本符合园区发展实际，有效保障了园区建设的推进。

（2）中德生态园规划体系完善，但部分规划成果需进一步完善整合。

截至2019年6月，中德生态园已完成30余项规划成果，大部分已相互衔接融合，通过控规编制落地，具备可实施性，同时规划意图已通过控规与专项在园区建设过程中得到落实；

生态建设规划相对城市总体规划在功能定位、用地布局、交通等方面研究不足，导致园区用地布局与城市整体交通体系衔接不足；同时受编制时序影响，水面率、绿地可达性等部分生态建设指标在园区专项及控规编制过程中未达到目标要求，需要进一步调整完善。

受园区范围调整影响，目前园区规划尚未实现全覆盖，需要综合考虑扩区范围、城市干路网及生态系统完整性等因素，进一步完善园区总体规划；同时园区目前已完成规划大部分按照第一、第二期范围分别编制，为配合一张图管理系统建设，应考虑第一、第二期范围内同项规划整合问题。

（3）中德生态园规划制度建设相对薄弱，实施保障机制需进一步加强。

目前园区已编制30余项各类规划，项目报批修规成果50余项，各规划成果表达形式不一，不能有效衔接，对园区基础数据库创建造成较大影响，建议针对园区规划制定成果编制导则，为园区标准化建设工作推进提供基础保障。

部分创新指标缺少相应管理制度支撑，需要进一步发挥国际合作园区机制优势，建立园区独立的管理与监管体系，保障园区生态建设理念的有效落实。

（4）中德生态园资源保护与生态建设规划实施结果。

中德生态园具有城市新区"生态本底良好、规划理念先进、政策环境优越、开发建设较快"等典型特征，在"生态建设、绿色低碳"等领域展开积极探索，整体已取得显著成效，但部分工作尚须进一步加强。

第4章 绿色低碳产业体系的构建

绿色低碳产业体系是生态园区发展的根本，围绕中德生态园绿色低碳产业体系发展目标，结合产城融合及产业转型升级的社会要求，从低碳绿色和产业集聚双重功能下的现代园区产业发展的路径入手，分析园区产业发展目标和基本定位。从产业体系发展要素与资源整合的视角，说明最终绿色低碳产业体系发展，需要立足产业组织发展方式变革、产业链价值驱动方式创新、园区内外资源协调等关键要素的整合，在发展过程中逐步形成"4+N"的引领性产业体系。在高质量绿色低碳产业体系的发展重要环节及具体策略上，通过代表性的"德国+，+德国"等中德产业合作模式创新、知识产权工作设计等知识产权保护变革、主力机构培育、企业加速器建设、智能制造等具体产业发展培育方案的实施，进一步促进中德生态产业体系的形成和发展。最后，对中德生态园的将来的产业发展和面临的挑战加以分析。

4.1 园区产业发展目标和基本定位

现代园区经济成为适应市场经济发展的新兴竞争主体。作为区域经济社会化发展的重要组成部分，从园区经济的特征来看，它以促进区域产业的发展为基本目标，在一定区位条件下集聚若干企业，是区域经济发展的重要空间组合形式。园区经济发展模式通过集聚共享资源、协调产业关联要素，对培育新兴产业、推动地方城镇化发展等具有重要作用。随着中国经济的发展，园区经济在创新性、人文性、生态化、国际化方面成为我国地方经济发展的重要平台和载体。

产业园区的出现，最早可追溯到20世纪初，是产业发展和城市规划不断完善的产物。20世纪中期以来，全球产业经济迎来了快速发展时期，许多国家出台了刺激产业发展的政策，出现了不同类型的产业园区，如出口加工区、自贸区、工业园、免税保税区、高新技术产业开发区等。

4.1.1 园区经济的产业发展类型和特色

伴随园区经济的创新发展要求和产业制度变迁，园区经济成为现代产业集群的重要表现形式。园区经济和产业集群相辅相成，现代产业园区是以促进区域经济的协调发展为目的而形成的产业空间集聚形态（见图4-1）。

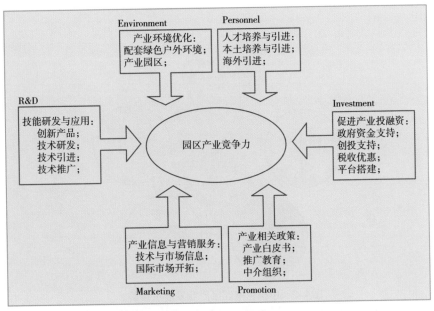

图4-1　中德生态园产业园区集聚效应与核心竞争力

从园区产业发展的历史阶段和内涵分析来看，中德生态园处于园区发展的新型阶段（见表4-1）。更加注重从不同角度整合园区的产业发展要素，注重园区的社会综合效益，以此来发展园区的核心竞争力。无论是从土地开发还是产业发展定位、园区管理、社会管理等方面，都表现出新时期园区发展的特色。在产业资源整合方面，表现出了低碳、绿色、可持续发展的新时代理念。

表4-1　　　　　产业园区不同发展阶段及中德生态园的产业发展特色

	第一阶段	第二阶段	第三阶段	第四阶段
土地开发	粗放式开放	有简单规划	编制详细规划	科学规划产业区和生活区
产业定位	无明确定位	少数产业集聚	产业链集聚	高附加值产业集聚、发展产研结合
产业招引	基本管理职能+低人工成本	以基础设施完善为主	以减税让利为主	以提供创新要素，高标准生活配套和吸引人才为主
社会服务	无社会服务职能	承担简单社会管理	有一定社会服务	完善的社会服务体系

园区产业发展需要具备以下要件：①在某个特定空间范围里，一些既存在竞争关系又相互协作联系的企业聚集在一起形成的产业区域；②产业园区是政府主导统筹规划的某个区域，以明确的产业导向来吸引企业和资本入驻，加强技术和管理方面的服务，促进相关

产业的发展和科技创新；③产业园区由很多企业聚集在一起形成的独立区域，园区内的配套设施和服务职能一般由政府或企业来承担。从中德生态园产业发展过程来看，产业发展要素体现在以下几个方面（见图4-2）。

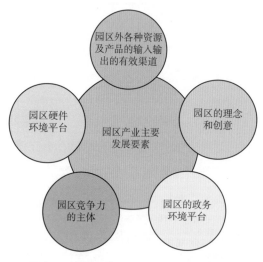

图4-2　中德生态园区产业发展主要要素

（1）园区的理念和导向。园区需要具有科学的建园理念，新颖、务实、品位高和操作性强的导向。现代经济园区的理念和导向应瞄准现代化、国际化、市场化和可持续发展的要求，科学定位，合理建设。绿色、低碳、生态、创新是中德生态园产业发展的出发点。

（2）园区的政务环境平台。在经济转型背景下，按照现代市场经济的规则和园区特定经济主体的要求，建立新型的政务服务机制，界定"亲、清"的政企关系。高效率的政企分工与配合的管理合作方式是中德生态园的重要发展因素。

（3）构成园区竞争力的主体。入园的经济主体或其他构成竞争力的主体，不是传统的经济主体的简单归并、组合，而是优质主体的优化组合和高质量要素资源的高效益配置。因此，入园的经济主体必须具有很强的核心竞争力，进园的各类资源必须是优质的资源。园区经济立足吸纳高质量的资金、技术、人才和运行较好的企业，集聚和形成具有较好发展前景的新兴产业和朝阳产业。注意结合产业体系发展目标积极引入高质量的园区主力机构，也是中德生态园产业发展的另一个要素。

（4）园区硬件环境平台。一方面按照可持续发展的要求，建立资源永续利用、清洁生产、运行环境优化的园区基础设施体系；另一方面依照园区主题的要求，建立完善的公共服务体系。完善、高标准的硬件环境平台，一直是中德生态园在产业发展过程中注重的一个重要问题。在环境约束方面，中德生态园加大了一系列产业和生活环境质量管理的标准体系建设和数据保存；在公共服务体系方面，其注重公共服务体系的建设和产业发展的融合。

（5）园区外各种资源及产品输入输出的有效渠道。建立使园区有效融入统一大市场的市场营销网络、开放式交通物流网络、信息服务平台和优质资源整合的绿色通道。中德生态园充分注重各类产业发展资源的整合，注重消化吸收国内外的先进经验，为园区产业发展奠定了良好的发展基础。

在园区产业发展类型上，中德生态园融合了国内众多经济园区的优点，以中德相互产业合作与文化交流为基础。在规划和基础环境设计方面，面向全球、对标国外先进标准。重点突出生态绿色，力争成为最新一代园区的特色拓展版。在产业园区发展要素方面，中德生态园在园区的理念和导向、园区的政务环境平台建设等方面力求表现出高效率。在产业发展的高质量标准及前瞻性理念的指导下，中德生态园产业核心竞争力主体的总量及发展质量逐步扩大提高，各类资源产品的输入输出渠道和机制也逐步扩大规模。

4.1.2　园区产业发展目标与转型升级

在经济发展新常态环境下，如何落实新发展理念，园区产业如何保持可持续发展，如何立足长远制订合理、高质量的发展目标和发展规划，如何在各种复杂多变的市场环境下进行产业转型升级等一系列问题对后工业化时代的园区产业发展提出了更高要求。围绕以上问题，中德生态园积极把握经济环境的动态变化和园区经济发展的趋势，立足地方特色，努力探索出一条符合自身情况的发展道路。在制订产业发展目标方面，中德生态园注意以下几个关键问题：

（1）紧跟园区产业发展新趋势，主动吸收园区产业发展的最前沿知识。从全球的产业发展历程来看，目前全球正面临着以信息化与工业化的融合发展为特征的新工（产）业革命。21世纪以来，随着互联网技术及人工智能制造、生命科学等新兴技术的发展，网络平台的构建逐渐成为新兴园区产业发展的重要支撑和保障。人工智能制造、生命科学等前沿产业领域逐渐成为园区经济发展的重要目标。

（2）产业园区的空间布局。产业园区的合理位置选择和科学性的空间布局是园区发展的重要基础条件，合理的产业布局能带动整个城市经济的发展。产业园区的区位分析研究为产业园区的空间布局提供了借鉴。中德生态园的产业布局经过了国内外专家学者的大量的科学论证，保证了园区产业布局的合理性和科学性。

（3）产业园区的转型升级。随着全球化和网络信息化的发展，传统产业园区的功能也在向更大的区域和更高的层次扩展，推动了城市社会经济的全面发展。产业园区转型发展的方向一般是技术创新型园区、综合服务型园区和产业新城。中德生态园产业发展不仅仅局限在园区内部资源整合方面，更重要的是通过自身发展起到一个示范引领作用（见图4-3）。

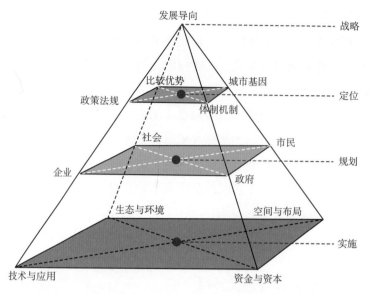

图4-3 中德生态园产业转型升级的实施根本目标和步骤

结合国内外经验,传统产业园区转型升级包括两种情况:第一种,对园区的功能进行重新构筑或不断调整,推进产业园区向城市新区发展;第二种,挖掘现存产业用地的潜力,通过技术和资金的投入来增加园区土地的产出比和综合价值。

中德生态园作为培育新动能的功能区,在园区功能定位和园区管理上,也呈现出产业功能和城市功能相互融合的许多不同特点。其长远发展目标由三个发展阶段组成:第一,园区自身发展 阶段;第二,园区与周边地区融合发展阶段;第三,园区带动周边地区发展阶段。

在园区管理方面,园区与周边地区整合后形成了一个相对独立的新园区,以园区为核心来统一规划建设。中德生态园的产业发展,追求符合当前产业园区市场化发展的基本趋势和要求,在起点上走在了现代园区经济发展的"拂晓阶段"。同时,面向未来,如何高质量地度过产业成长期,如何不断对现有产业的发展内容进行调整升级,这也对园区产业立足长远的规划提出了更高要求。产业转型升级是一个不断完善、不断变化的过程。只有超前预判、提前布局,才能不断维持自身的特色,保持持久的发展。

(4)产业园区与产城融合。产城融合是以产业园区的开发建设来推动新城区综合发展,是保证城市合理化发展的重要目标。产城融合并不仅仅局限于园区发展对城区经济方面的贡献,更为重要的是表现在对城市发展整体的拉动作用和辐射效应。在相对独立的新城区建设方面,城市发展应与工业、商业、住宅等功能区域相互融和,发挥其辐射和辅助作用。

对中德生态园而言,产城融合是一项立足长远的城区发展的系统工程,从根本上体现出城市健康协调发展的思路。产业需要紧密依附于城市的发展，同时城市的功能又为产业提供服务，最终实现"以产促城，以城兴产，产城融合"，实现产业与城市的协调发展。在保护生态环境的基础上，通过构建先进的产业发展框架，将生产功能和居住生活紧密联系，实现多元化协调发展的目标。

产城融合是中德生态园区经济发展的长远目标。产城融合发展需要从产业园区的规划布局入手，通过对产业园区相关理论和实践的研究，把握产业园区与城市融合发展几个阶段的特点。分析生态园区所处阶段的规划与城市功能互动的情况，总结园区经济向产城融合发展的有益经验（见表4-2）。

表4-2　　　　　　　　产城关系的几个发展阶段及中德生态园产城融合目标

发展阶段	产城关系	主要特点
产业集聚	产城基本分离	产业区，沿交通轴线布局，单个或同类企业集聚
产业主导	产城相对分离	产业区，围绕核心产业链延伸布局
创新突破	产城互动	产业社区，产业间出现协同效应，围绕产业集群布局
产城一体	产城融合	综合性新城，空间上产业功能与城市功能相融合

就中德生态园产业发展的角度而言，产城融合的出发点要求产业的规划布局立足于城市的发展定位，以此来实现产业发展与人居环境的相互融合。产城融合本质上是产业与城区的协调互动过程，重点是产业发展与城区的发展彼此依靠、互相促进。产城融合应包括社会组织的整合、经济一体化、文化的整合、产业的集聚和空间的融合等方面，这也是园区产业发展与城市功能的互补和互动的重要发展模式。产城融合将逐步实现城市核心功能的完善，人口结构、城市和乡镇的统筹协调。基于产业集聚来实现人口的相对集中，为城镇化进程提供基本条件，同时城区的相关功能也为产业发展创造机会。

总之，产城融合是中德生态园产业发展的重要目标。中德生态园的产城融合立足于城市空间规划，通过对产业发展同城市发展之间的紧密联系，体现出产业空间与社会空间互动发展的内在需求。在产城融合中，"产"表现为工业和服务业等第二、第三产业的集聚；"城"是指城市空间规划和城市功能的不断完善，城市功能主要包含生产生活、服务管理、协调创新等，是城市空间拓展的驱动力。产城融合需要在一定区域内产业与城市融合统筹发展、产业空间依托城市的社会基础来拓展，产业作为驱动力来推动城市服务配套的完善和人居环境的提升，最终实现"产业、城市、人"这三者形成健康可持续发展的局面（见图4-4）。产城融合的核心是实现"生产、生活、生态"这"三生"的融合，使这些要素实现集聚效应。

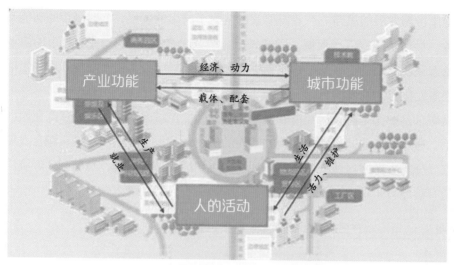

图4-4　中德生态园产城融合功能示意图

4.1.3　中德生态园产业发展基本定位

中德生态园产业发展基本定位方面。围绕生态要素打造核心园区，基于"人地和谐""经济和生态共生"的理念建设多层结构的生态和产业发展的和谐共生体系。园区融生态要素为一体，形成集科技、产业、生态、人文为一体的新区，最终确定以三生："生产、生活、生态"为发展基本定位（见图4-5）。

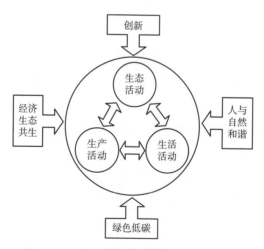

图4-5　中德生态园产业整体发展基本定位

立足高端引项目，培育引领性产业体系。与德国经济合作模式的创新也是中德生态园的一个突出特色。与传统的城市综合体和工业科技园迥异，中德生态园在开放的公共空间、环保低碳运用、公共综合配套服务等方面与德国的产业合作均有较大突破。德国作为全球第四大经济体，实体经济是德国经济长期在全球保持竞争力的关键，尤其在产业标准化、节能环保领域的技术居于全世界领先位置。其具体合作表现在园区管理理念、标准化规划建设、园区的基本设施完善、入住企业标准、公共管理等方面。这为我国中外合作园区发展提供了一种思路和途径，也为青岛城市公共空间增添新的亮点。

总之，中德生态园在园区产业发展定位方面，体现了集约化、服务效率化、专业化的特点，在环境方面突出了田园特色。从生态、低碳、节能、环保方面进行全方位设计运营，中德生态园在建设现代化的经济园区过程中，结合了生态、低碳、节能、环保的理念。

4.2　产业体系构建要素与资源整合

纵观国内外环境之变，一是在后工业化时代背景下，增长动力转换，产业发展从量变到质变的相互转换过程中，新的增长动力逐步替代原有增长动力。产业发展需要紧密结合市场发展需求，积极进行发展路径创新。二是经济减速换挡，在经济增长由高速转入中高速的过程中，需要积极采取稳定增长、高质量发展的措施，积极应对因经济发展减速带来的一系列问题，通过产业创新发现新的增长点。

4.2.1　创新优化产业组织资源

园区产业的可持续发展，要在产业组织管理方式、产业链价值驱动方式、区域资源协调方式等一系列要素的整合中实现。新时期，园区产业动能的创新和转化，需要不断结合社会经济发展的基本要素和要求，进行要素集聚。中德生态园产业发展动能最终来源于区域的内部要素和外部要素的集聚整合和网络化效应。在新形势下，对园区产业组织管理创新提出了更高要求。

在园区产业发展过程中，作为园区经济发展的重要资源要素之一，产业组织业管理创新与园区产业发展相辅相成。园区经济成为提高区域竞争力的重要载体。发展创新性产业园区，需要集聚优势资源和能量，走新型产业发展道路。产业园区和产业集群需要互动发展，这也符合当前我国的社会经济的要求。同时，园区产业建设管理需要理性化，需要构建整体产业发展的合理机制，以保证园区的永续经营和竞争力。中德生态园在生产要素有效组织、管理创新方面做了一些探索。

（1）园区管理部门积极促进产业联系，提高企业交流效率。

中德生态园通过市场化的方式，积极发展中介机构和产业服务体系，充分重视行业协会等中介组织的作用。例如，积极开展与各类行业协会的信息交流沟通，通过园区内产业行会的协调，在园区企业内部建立密切协作的产业联系，并保证园区产业的可持续发展，同时注意培育新锐企业家和有利于创业和创新的文化氛围。中德生态园注重企业加速器的建设和发展；加大对促进产业联系的三大公共要素的投入：包括基础设施、有技能的劳动力群体和信息服务。中德生态园不仅积极协助企业积极引进高素质人才，也辅助现有企业进行人力资源培训，积极帮助园区内企业进行信息交流。

（2）争创专业化管理一流园区，提出园区管理部门专家理园理念。

园区的专业化发展要求产业信息更具针对性和及时性，行业供应链、需求链、人才链等具有完整性。作为园区运营管理主体如何在专业化园区发展的过程中，更好地为园区企业、园区产业发展服务。园区管理方面，中德生态园的做法是形成专家理园的理念。专家理园是园区管理的关键。所谓专家理园的"专家"，并不一定是该行业的专家，但一定是对该专业园区的产业链有十分专业认识的管理者群体，他们对专业园区的价值链有足够的知识储备。

园区主要管理者（专家）要求在MAQK结构，即管理（manage）结构、能力（ability）结构、素质（quality）结构、知识（knowledge）结构中具备相应的素质（见图4-6）。专业园区都有其特定的产业特征，园区主要管理者应具有产业服务的意识。作为园区产业发展协调者的园区管理部门所包含的：园区政策、增值服务、物业管理、安全管理、市政管理、社会管理等方面，要求园区管理者具备更高的产业素养。中德生态园"专家理园"的经验表明，园区管理者在园区行业管理、园区服务过程中需要站得更高、看得更远，需要积极深入园区企业基层中去。

图4-6　产业发展中的园区管理部门素质理念

为加快促进园区战略新兴产业的发展，推动园区产业创新改革、项目招商、科技研发机构建设，在管委领导部署下，围绕产业项目中心，整合管理部门、企业公司等资源，成立智能制造、生命健康等产业策进会，开展了一系列卓有成效的推进工作，有效促进了产业项目建设、产业体系的发展。

4.2.2　园区产业发展要素和资源整合

生态创新——中德生态园的发展动力源泉。中德生态园的创新系统由企业、人才、融资、法律与监管环境、商业配套环境等五个要素组成。其中企业、人才和融资是这个区域创新系统的三大支柱，而法律与监管环境和商业配套环境是这三大支柱的基础。上述五大要素相结合支撑园区创新体系，从而催生汇集创新型高科技企业的产业集群（见图4-7）。

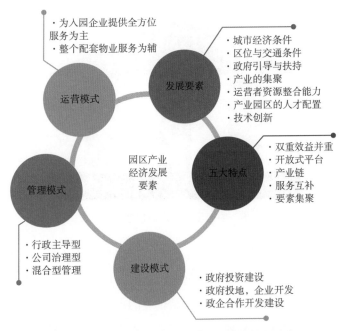

- 为入园企业提供全方位服务为主
- 整个配套物业服务为辅

运营模式

发展要素

- 城市经济条件
- 区位与交通条件
- 政府引导与扶持
- 产业的集聚
- 运营者资源整合能力
- 产业园区的人才配置
- 技术创新

园区产业
经济发展
要素

五大特点

- 双重效益并重
- 开放式平台
- 产业链
- 服务互补
- 要素集聚

管理模式

- 行政主导型
- 公司治理型
- 混合型管理

建设模式

- 政府投资建设
- 政府投地，企业开发
- 政企合作开发建设

图4-7　中德生态园区产业组织发展和创新要素

（1）产业创新系统建设与资源整合。

中德生态园力求打造三类区域优势资源，建构了生态园区的核心竞争力基础。

第一种优势资源是指地区的区位人文优势。这类优势是园区特有的，其他地区无法复制的区位人文优势。中德生态园所处的区位优势为毗邻青岛港，处在2020年投入运行的青岛胶东国际机场进入青岛市区的门户位置。人文优势是青岛在中德历史上的特殊地位。

第二种优势资源包括税收优惠和非税收激励措施，是其他地区比较容易复制的因素。具体而言，中德生态园能够帮助入驻企业了解有关的国家税收优惠政策，并与税务机构接洽，以确保企业能充分享受国家和省区市的税收优惠政策。在非税收激励措施方面，中德生态园努力为入园企业提供具有要素竞争力的土地、办公场所和生产设施，以及针对中小企业的公共技术服务平台等。

第三种优势资源是其他地区最终也许可以复制的，但需要投入大量的时间和资源的优势。中德生态园在这方面重点打造的内容包括知识产权保护、标准体系、环境信用体系、青岛文化、德式严谨以及园区创新文化氛围等。

同时，中德生态园的核心竞争力主要来源于区域创新能力，而其创新能力又是其创新系统的绩效表现。为了便于实际政策的操作，中德生态园参照美国兰德公司分析方法提出中德生态园的产业创新系统框架（见图4-8）。

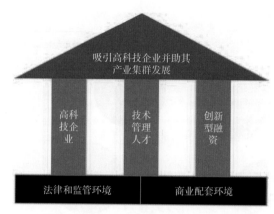

图4-8 中德生态园产业创新系统框架

从中德生态园的产业创新系统来看，中德生态园以发展成为领先的产业创新区域为目标。为实现该目标，中德生态园需要吸引创新型企业并助力其成长，吸引并留住优秀的企业家和科技人才，并确保创新型融资可以满足企业的需求。上述措施的有效实施必须有良好的法律和监管环境以及商业配套环境作为基础。竭力改善这些环境是中德生态园的一项重要目标。五项要素相互结合，将帮助中德生态园吸引高科技企业并促进其产业集群发展。

①吸引高科技企业并促进其发展：中德生态园为培育的产业集群积极吸引多家主力机构入驻，如入驻企业有德国大陆集团、天津力神集团、海尔工业4.0中央空调智能工厂、澳西智能科技有限公司，研究机构有西门子（青岛）创新中心、海尔中德智能制造研究院、华大基因青岛研究院、北印青岛研究院等，并为企业和研究机构入驻提供了良好技术创新环境。

②吸引和留住创新型人才：只有让创新型人才认识到园区拥有较高的生活品质，才能更多地吸引知识型人才。中德生态园通过采取一系列政策，吸引国内外各类人才，通过与公共人才网络的衔接，积极提高劳动力就业灵活性，积极促进园区知识共享网络的形成。

③确保创新型融资的可获得性：中德生态园需要在风险适度的前提下让更多企业能够获得创新型商业融资，积极组织企业与金融机构对接。中德集团公司在德国成功上市，为园区企业融资提供了范例。

④建立公平、透明的法律与监管环境：中德生态园必须提供一个透明、执法公平的法律监管环境，有效保护知识产权，强调企业社会责任，强化园区政府与企业的契约精神，加强信用体系建设。

⑤提供高效、专业化的创新平台：中德生态园为提高园区产业发展效率，注重高效、专业化的平台建设。平台建设方面，引入德国企业中心，把企业加速器建设作为推动项目落地和产业集聚的有效切入点，促进和形成德国中小隐形冠军企业的集聚地，倾心打造企业加速器平台。

（2）园区主力机构的引入和类型。

大型公司或机构作为产业集群的核心能够积极促进产业集群的形成。这种园区内的核心企业或机构称为主力机构。中德生态园一直把引进高端主力机构作为园区建设初期和发展期的重要工作，并保持与园区产业体系各个主要模块的协调。目前，中德生态园的园区产业发展主力机构类型包括：第一类配备大量研发设施的知名公司；第二类是研究型机构；第三类是应用型大学。

其中，第一类主力机构为将其研发活动迁入中德生态园的知名公司。如果企业有意将其中国总部、生产设施或营销和物流部门以及研发部门迁入中德生态园，则为理想的结果，如西门子（青岛）创新中心、华大基因青岛研究院等机构。

另外，其他两类主力机构还雇用博士后和博士研究员团队，从事前沿问题研究的研究型机构，如中德智能技术博士研究院、青欧生命科学研究院、Lars再生医学研究所等。研究型机构的贡献还包括将它们的研究成果转让给当地公司，将其他地方的知识应用于当地实际情况，吸引新的人才资源、知识和资金，从而推动产业集群的形成。

同时，中德生态园吸引应用型大学入驻，需要确保该机构与当地企业紧密联系，设立有效的程序，推动双元制教育落地，促进教育机构与企业的良性互动。主力机构能为中德生态园产业发展带来许多益处，其中包括：第一，能够吸引希望与园区开展业务合作的供应商和客户入驻；第二，能够为园区产业发展提供人才供应的来源；第三，能够作为研究及衍生公司的来源；第四，若主力机构是大型公司，可为连接全球市场架起桥梁，并为这些市场培育创业人才；第五，向其他公司和个人传递中德生态园是理想企业发展驻地的信号。

中德生态园的产业创新系统，广泛整合企业、高校、政府以及技术、人才等资源，引进、成立了一批产学研深入结合的示范项目（见专栏4-1）。

专栏 4-1　中德生态园代表性创新机构

——西门子（青岛）创新中心，是西门子目前在德国本土外设立的首家智能制造创新中心，中心依托西门子全球创新网络，在智能制造、机器人、现代物流、大数据应用、信息安全、智慧城市等领域从事技术创新开发和应用。同时创新中心还联合国内企业，特别是青岛企业，探索开发适合中国的先进技术，创建国家级示范工程、行业示范工程，并会同中国国内企业参与相关的国家技术标准、行业标准及企业标准的创建。

——海尔智能制造研究院。总投资2亿元，由中德联合集团有限公司与青岛海尔集团合作成立，借助德国弗朗霍夫研究院、清华大学及西门子公司的技术，创造满足用户最佳体验的领先产品与模式。通过构筑工业智能、建立技术转化平台、产业孵化平台，输出家电领域智能制造工厂解决方案，形成智能制造产业生态圈。在2017年5月的汉诺威工博展期间，发布了我国首创的ComPlant互联网制造方案。

——华大基因青岛研究院。总投资30亿元，建设涵盖"三库两平台"（生物样本库、生物数据库、活体资源库、生命数字化平台、基因编辑和合成平台），全球规模最大，自动化程度最高的我国首个国家海洋基因库。依托基因库搭建大海洋基因组学研究平台、国家海洋实验室生物测序平台、大健康科学平台、精准医学联盟、集约化现代立体农业研发中心、精准营养与海洋食品研究中心、基因组学创新创业平台等十大平台，全力打造全球最大海洋联合研究中心、基因编辑和合成研发中心、全球领先的海洋科研中心和创新教育中心。

——北印青岛研究院。依托北京印刷学院在绿色物流、绿色包装、智能装备以及新媒体、新设计和新创意方面的学科优势，与印刷包装、文博创意等行业龙头企业开展紧密合作，引入和搭建绿色包装检验检测机构、青岛市博物馆数字文博创意中心，建设具有鲜明行业特色的科技企业孵化器，力争在2020年建设成为国家级孵化平台。

——国家绿色快递协同创新中心。由国家邮政局、北京印刷学院、中德生态园三方共同合作打造，恩马集团投资建设，总投资约3.5亿元，按照"政府支持推动、市场经营运作"的方式，依托北京印刷学院的物流工程、包装工程和材料工程等优质高等教育资源，开展国家邮政局重大课题项目"绿色包装应用与试点研究""快递行业集装容器标准制定""快递包装有害物质检测"三个项目，积极发挥各方优势，实现快递业相关绿色技术孵化落地。

——中德智能技术博士研究院。国内首个中德合作智能制造研究院，实行理事会制，分别由中国科学家和德国科学家担任中方院长和德方院长，聘请了包括中国工程院院士、德国科学与工程院院士在内的9位特聘科学家、8位特聘研究员，将搭建以中德两国一流科学家为核心的创新团队。技术应用研究方面，首创推行基础研究、系统研究和应用研究三位一体的创新研发模式，与西门子（青岛）创新中心、博世（中国）、京东物流、菲尼克斯（中国）、澳柯玛等优秀企业开展院企合作，推动智能制造技术应用和产业升级。人才培育方面，与包括德国亚琛工业大学在内的9所中外知名高校、10家知名企业合作培养合作框架协议，培养承担中德两国智能制造使命的高端人才。预计未来5年联合培养约50位博士生。

——青欧生命科学研究院。依托深圳华大生命科学研究院的科研实力、管理运营模式、人才培养体系，重点打造顶尖国际科研人才团队。以高水平科研论文和国际领先技术开发、转化为大方向，大力推进前沿生命科学研究和技术开发、技术孵化和产业化应用，强化并带动研究院的人才培养、顶尖专家引进、前沿技术开发孵化和高科技创业群落形成。获得包括七国院士杨焕明院士，丹麦自然科学院院士 KarstenKristianse 教授，丹麦皇家爵士 Lars Bolund 教授等一批国际顶尖专家及其团队的加入和大力支持。

——Lars 再生医学研究所。由劳而思·博伦教授牵头，在中德生态园打造全基因组团队和技术平台、细胞与组织工程研发团队和技术平台、纳米生物材料与3D打印研发团队和技术平台、生物再生研发团队和技术平台、海洋生物再生医学研究团队和技术平台5个精英研发团队和核心技术平台。充分发挥在大数据和医疗健康层面的优势，推动再生医学的科学研究和临床产业转化。

4.3 高质量绿色低碳产业的可持续发展策略

城市绿色循环低碳可持续发展是加快生态文明建设的重要抓手和着力点。绿色发展、循环发展、低碳发展，既体现了生态文明建设的基本内涵，也明确了推进生态文明建设的基本途径和方式，是加快转变经济发展方式的重点任务和主要内涵。而园区核心产业体系的建立是实现园区产业集聚功能的关键，中德生态园的产业发展经验说明，把握园区绿色循环低碳发展的基本策略和方法，从高起点实现新动能的集聚和园区产业体系的构建，才能有效地提高园区生态建设，加快园区生态文明建设的步伐。

4.3.1　新动能集聚与高质量产业体系构建

随着园区的产业发展，具有引领作用的"4+N"产业体系初步形成。围绕智能制造、生命健康、新能源新材料、高端装备四大引领性产业，高质量发展德国隐形冠军企业、教育等"N"产业，以"德国+"引进高端产业融入中国发展，以"+德国"引进世界技术助推转型升级，发展实体经济，培育新动能。

（1）"4+N"产业体系的形成。

中德生态园在产业体系构建方面，注重产业发展要素的整合，目前重点培育具有未来引领作用的"4+N"产业体系，除智能制造、生命健康、新能源新材料、高端装备等四大产业外，高质量发展隐形冠军企业、教育、体育等"N"产业。围绕延伸产业链，在精准招商方面，积极引进世界500强、隐形冠军企业，更加注重项目质量和数量。在招商对象方面，通过组建专业团队，集聚各类招商资源，提升对德、拓展对欧、突破日韩，同时注意本土、本地企业的孵化培育（见图4-9）。

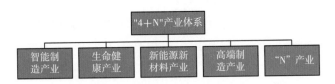

图4-9　中德生态园"4+N"产业体系示意图

①智能制造产业。突出技术引领发展，形成以西门子、海尔智研院为核心的研发基地；推进项目示范建设，形成以海尔工业4.0示范基地为核心的生产基地；依托芯恩CIDM项目和以张汝京博士为核心的研发团队，培育发展集成电路产业。加快智造人才培养，形成以中德双元工程学院、智能制造应用技术学校为主的高端人才教育中心；发挥"机·慧·圈"联盟作用，逐步形成中德生态园智能制造研发创新生态圈。其获批工信部"智能制造灯塔园区""中德智能制造示范园区"称号。

②生命健康产业。突出技术引领发展，形成以华大基因北方中心为核心的研发基地；推进项目示范建设，形成以正大制药、百洋医药、施维雅生物制药为核心的生产基地；加快医药健康专业人才培养，形成以建立院士工作站为主的人才引进模式；推进青欧生命科学高等研究院、复旦心血管器械国家工程研究中心、中美今墨堂生物新技术快速转化平台

等医养健康科研项目。

③新能源新材料产业。突出技术引领发展，形成以被动房研究中心为核心的研发基地；推进项目示范建设，形成以力神动力电池100亿WH基地、蓝科途电池隔膜为核心的生产基地；被动房专业人才培养，形成以被动房研究中心为主的专业人才教育中心；推进朗进新能源、绿色能源互联工厂、黑猫炭黑研发中试基地等开工，扩大产业规模。

④高端装备产业。发挥企业自主研发力量，形成以绿屋被动房新风系统研发为代表的研发中心；推进项目建设，形成以德国大陆汽车、塔塔优客、美国清冰机为代表的高端装备示范项目；加快汽车配件、石油开采机械、被动房新风系统专业人才培养，形成企业技术中心培养人才体系；未来引进航空装备、海洋资源开发装备、与智能制造产业融合的高端制造产业项目。

⑤高质量发展"N"产业。突出对德特色，重点引进德国隐形冠军企业，已投产运营的德国隐形冠军企业项目包括：德国GTP公司铸造冒口制造项目、德国马克霍夫曼工业废气除尘设备项目、德国卓收国际有限公司的农机制造项目、德国辛北尔康普集团的辛北尔康普项目。中德双元工程学院开工，启动建设九年一贯制学校，推动耀华国际学校等优质教育资源落地。加快文化载体建设，推进中德创意设计基地建设。深挖中德体育品牌资源，借助拜仁慕尼黑足球俱乐部品牌效用，打造独具园区特色的足球赛事品牌。组织举办斯巴达勇士赛、全国航模锦标赛，将赛事打造成西海岸独有的城市名片。

德国巴伐利亚州经济顾问委员会主席、原巴伐利亚州经济部部长威斯豪耶博士参观后表示："中德生态园产业发展路径，展示了工业生产与环境保护如何结合起来，在中国经济中将起到具有巨大的信号作用，不仅是生态的角度的生产，同时也展示了理智的发展。"

（2）以主力机构为核心强化产业集聚。

当前中德生态园着力培育的产业主力机构发展情况分析如表4-3所示。

表4-3　　　　　　　　中德生态园潜在产业集群的主力机构分析

行业	主力机构	前期成长的主要原因	目标市场
智能制造产业	西门子青岛创新中心 海尔智能制造研究院 海尔工业4.0基地 澳西智能技术中心	本地市场需求	本地、山东省制造业升级改造
生命健康产业	华大基因 正大制药 百洋药业 施维雅生物制药	与世界最大基因测序机构合作的技术优势、海洋人才集聚的地域优势	世界基因技术市场、全国海洋经济市场、全国基因健康市场

续表

行业	主力机构	前期成长的主要原因	目标市场
新能源新材料产业	力神新能源电池 重汽新能源汽车 蓝科途锂电池隔膜 荣华建筑模块化生产 中新新材料研发及中试生产基地	产业设计在经济发展中的作用日益增强、已经成为青岛本地制造业转型升级的重要驱动力	全国新能源汽车市场、新能源电池市场及新能源技术市场
高端装备产业	绿屋被动房新风系统研发中心 爱科住工（青岛）被动屋 德国大陆汽车 塔塔优客 美国清冰机高端装备项目 开利冷冻设备	当地市场需求与技术示范	山东及国内市场

4.3.2　中德产业合作模式创新

在建设初期，中德生态园管理者手中所持有的最重要的资源就是中德两国政府签署的合作谅解备忘录。中德生态园建设团队迫切需要回答下面三个难题：第一，中德生态园如何有效地促进中德两国企业开展经济技术合作？第二，中德生态园未来的产业定位是什么？第三，中德生态园如何有效地开展招商引资？

（1）中德生态园在中德合作交流中所扮演的角色。

从决定中德生态园的产业合作功能定位的框架（见图4-10）来看，需要重点分析合作对象国的产业技术优势，也要全面评价中方企业对德合作的需求。在此基础上，要充分、仔细地研究中德两国企业对中德生态园的需求，以便确定园区的功能定位和重点产业领域。中德生态园成为促进中德两国企业之间有效开展交流合作和商业往来的媒介与桥梁。德国元素在园区整体设计、园区产业发展理念、产业发展标准等方面起到了重要作用。

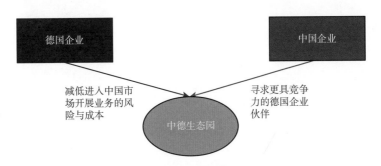

图4-10　中德生态园的中德产业合作定位

中德生态园为产业集聚和规模化发展提供了各类基础设施和公共服务，以帮助入驻园区企业降低其生产成本。除此以外，作为国际合作生态园的另一个重要竞争优势，源于有效促进中外企业之间更好地发现合作伙伴和供需关系，来开展良好的合作，减少两国企业合作与商业活动的交易成本，从而提高双边经济技术合作的效益和成功概率。

中德生态园在建设过程中可以利用的重要软环境资源包括：①两国政府的政治支持和社会认可；②中德两国中介服务机构的参与和技术支持，提供有关初始战略方向、潜在客户清单，与早期的市场开拓协助；③通过国际高级咨询委员会，提供战略方向的指导，做到大方向上不要错，大机遇不错失；④核心招商团队的组成和运行。除了团队成员具有专业知识和对合作对象国的情况具有深入理解外，特别是其招商团队的视野、经验、胸怀和人脉，均对园区招商引资的成效起着十分关键的作用。

随着与德国直接或间接关联的一批重点项目建设启动，园区产业高端低碳转型成效初步显现，园区产业经济发展呈现出新局面。高端产业与创新资源加速聚集，带动了辖区经济快速增长。园区产业发展方面，尤其是对德合作方面，本着"德国+""+德国"的发展理念，为园区对外合作及招商引资引入了新的内涵和动能（见图4-11）。"德国+"就是引进德国高端企业直接投资，如西门子创新中心、隐形冠军企业等。"+德国"，就是与德国开展合作，表现为合作开展工业4.0与智能制造、联盟、技术合作、平台合作等方面。

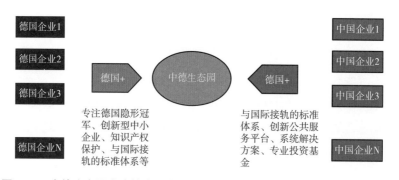

图4-11　中德生态园在中德产业合作、技术转移和市场准入方面的便利化途径

德国公司对在中国设置生产能力，直接开展业务有下列主要动因：①中国作为世界发展潜力最大的市场，德国的高端装备制造业能够为中国提供机器和核心生产设备。在中国建厂，可以更好地了解中国客户的需求，更有针对性开展创新，更快地响应客户的需求，以保持德国技术产品的竞争力。②利用中国供应链的完备程度，与中方企业开展战略合作，减低其生产成本。③针对限制德国企业发展的技术人员紧缺的局面，利用中国日益扩大的技术队伍，加强德国企业的研发力量，特别是针对以中国为代表的发展中国家市场的专门研发活动。

德国企业也对来中国投资建厂存在一些突出关切与困难，包括以下几点：①对其核心技术和知识产权保护，担心竞争对手获得其核心技术，从而导致被赶超的局面；②对进入中国市场的相关法律、法规信息的透明度和可预见性缺乏了解或信任不足；③对于中国法律法规执法程度一视同仁的担忧；④能否聘用到所需的具有实际能力的技术和操作员工；⑤在建厂初期，能否获得有价格竞争力的生产条件和融资渠道等。

在认真调研与分析德资企业在华业务发展状况和变化趋势的基础上，中德生态园制定了相应的招商策略（见表4-4）。

表4-4　　　　　　　　　中德生态园针对德国企业的招商引资策略

企业类型	在华业务状况	中德生态园招商策略	主要后续行动
大型跨国公司	绝大多数在华总体布局已经完成，自身有很强的市场开拓能力，但根据外部政策与营商环境的变化，仍具有调整在华发展战略与地理分布的可能	利用园区的重点产业和相关市场，开展特定领域的招商推动	充分依托中德生态园的独特优势资产（包括本地市场需求、高效的营商环境），来跟踪和争取跨国公司将其研发部门、生产基地、区域总部落到园区来
中型企业（特别是隐形冠军）	隐形冠军在华以销售其产品为主，少数企业开始投资建厂	成为德国隐形冠军进入中国的门户	根据针对德国隐形冠军企业进入中国市场的主要关切，打造园区的核心服务功能
小微企业	绝大多数小型创新企业不了解中国的市场和政府对创新企业的扶植	关注那些契合中国市场或者能较大地受益于中国低成本制造的小型创新企业	为对中国市场感兴趣的德国小型初创企业提供量身定制的孵化器服务

产业经济发展是中德生态园的活力源泉，是其可持续发展不可或缺的核心要素之一。中德生态园经济发展是否成功有四个基本的衡量准则：①产业的创新能力；②产业发展要素集聚及产业集群发展状况；③产业的绿色程度和绿色环境；④中德两国市场主体在园区的存在感与活跃程度。

中德生态园作为一个新兴的经济园区，能够在较短的几年时间明确产业体系框架，主要得益于园区清晰的产业发展定位，即依托国际化合作的资源优势，抢抓国际战略合作及产业融合机遇，以鲜明的国际化支撑要素，大力引进国内外创新性和先导性产业，并在实践中追求专业、务实而又高效的"德国+""+德国"模式，推动经济发展质量的持续提升，不忘初心、努力探索一条生态发展、高端发展、国际化发展之路。

"德国+"及"+德国"模式的首次提出是在2015年，这时中德生态园已积蓄了一定的对德交流经验，德国的优质项目正在陆续落户并开工建设，有的德国项目甚至已达产，德国的先进技术和生产线已与入园的国内企业形成良好的"化学反应"，应用新技术、占领市场高端的认识已形成良好的氛围，"德国+"及"+德国"模式是对2014年习近平主席访德时提出的"德国质量"与"中国速度、中国市场"结合总体方向的一种具体落实方式。"德国+"及"+德国"模式可为其他区域双边合作、实现转型升级提供参考借鉴。

经过几年时间的摸索和修正，中德技术合作模式逐渐形成、演变为目前的"德国+"及

"+德国"的合作模式。"德国+"及"+德国"合作模式有三层含义：①"德国+"就是如何将具有先进技术、管理和商业模式的德国企业引入中国，投资建厂发展；②"+德国"就是如何利用德国先进的技术、工艺和整体解决方案，来提升和助力中国企业的绿色转型升级；③如何帮助德国和中国两国创新型中小企业在中德生态园这样一个合作平台上共同孵化、相互融合、相互促进和共同成长。

给入园企业提供最佳产业要素支撑：①提供创客空间、办公及设计基地；②供给产业平台、标准厂房；③大力发展双元教育构建人才支撑体系；④产业投资基金。中德生态园在中德产业合作、技术转移和市场准入方面提供了众多便利化的条件。

（2）"德国+"——吸引德国企业融入中国市场。

德国经济竞争力的重要秘密之一是其隐形冠军的打造。中德生态园在招商引资方面，突破了传统的概念，更加注重组织学习。在园区管理方面认为招商引资不仅仅是把外部资金吸引进来，更重要的是如何消化吸收对方的先进经验，为我所用，为社会和企业所用。

德国中小企业（Mittelstand）约有350万家（99.7%），雇用78.5%就业人口与吸纳80%企业实习生。其中7成中小企业散落在各地方小城镇，与当地经济及就业紧密结合，被誉为"散落德国各地的珍珠"。德国拥有为数众多训练有素、能立即进入生产单位满足企业需求的技术人力。在制造领域，中小企业聚焦于高品质与高价值的生产行业。在服务领域，中小企业成为生产事业所需的周边支援行业的主体（见图4-12）。近年来，估值达到10亿美元以上的德国初创企业——"独角兽企业"也逐渐增多。

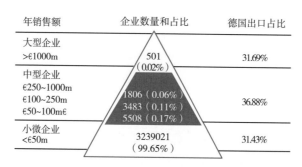

图4-12　中型企业是德国出口成功的关键

德国的出口贸易乃至整体经济的持续发展，主要原因得益于中小公司，尤其是一些在国际市场上处于领先地位却籍籍无名的中小企业。德国出口的真正引擎并不是少数工业巨头，而是一些名不见经传、却在某一特定行业里面做到顶尖的1000多家规模不大的"隐形冠军"。

"隐形冠军"是赫尔曼·西蒙教授致力10多年的研究和调查后于1986年首先提出的。他指出，除了众所周知的世界500强企业外，全球最优秀的企业更多的是一些不为外界所关注，在某一个细分的市场中专心致志耕耘的行业冠军企业，并将它们称为"隐形冠军"

（见图4-13）。西蒙教授发现，隐形冠军必须达到下列三个标准：第一，它必须拥有其产品的国际市场份额前三的位置；第二，公司年销售收入不超过50亿美元；第三，社会知名度低。

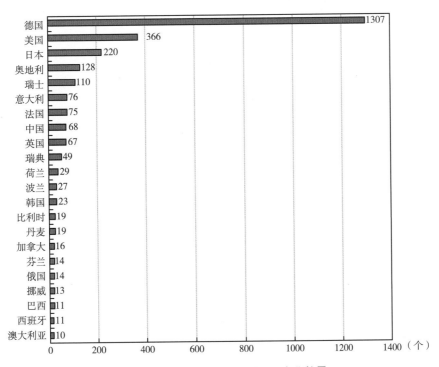

图4-13　世界主要国家隐形冠军企业数量

西蒙教授总结得出德国隐形冠军具有七大特质：

①专注的企业目标：隐形冠军企业一般都有非常明确的目标。

②宁为鸡首之市场定位：要成为小市场的主宰者（鸡首），而在小市场做出大成绩；很多雄心勃勃的企业家一旦稍微做大就想多元化，但是他们绝不！

③贴近并全面掌握客户：他们每一步扩张都在建立自己的子公司，而不是通过经销商，因为经销商是随时可能跑掉的，而自己的子公司能把客户关系牢牢地掌握在自己手中。

④价值导向为主要诉求：如果你想成为全球市场的领导者，你的客户也必须是全球顶级的客户，那么企业经营理念必须是价值导向而非价格导向。

⑤强调全方位创新：产品创新不是隐形冠军公司唯一的创新点，另一个很重要的因素是流程的创新，实际上是服务的创新。

⑥与竞争对手短兵相接：隐形冠军公司经常在同一个地区，同城的竞争实际上是世界级的竞争，最强的对手都在一起。

⑦深化核心价值，不完全倚赖联盟：核心项目不外包、依靠自己的竞争优势。

在西蒙教授总结的"隐形冠军"特征基础上，"隐形冠军"还有这样一些特征，使他们成为明星公司：他们关注小的但可盈利的专营市场；在全球范围内经营；从起步开始的目标就是成为该行业的第一；避免售卖商品，因其有廉价仿制品的可能；而最突出的是，重视创新，在研发上高额的投入。一般公司通常会将3%的销售额用于研发，而"隐形冠军"研发经费占销售额的比例达6%；普通大企业平均每千名员工拥有6项专利，而"隐形冠军"是他们的5倍多，达31件。

德国隐形冠军企业投资进入中国市场的动力包括：①中国市场是德国隐形冠军不可或缺的市场组成；②在中国建厂便于利用中国供应链配套完善的优势，可以降低德方的生产成本，以便占据更大的市场份额；③中国拥有越来越具有竞争力数量巨大的工程技术人员队伍，有助于德国隐形冠军开展低成本的研发活动，保持其技术优势。目前中德生态园入驻多家德国隐形冠军企业。

德国隐形冠军企业来中国投资建厂的主要担心包括：①其核心技术和知识产权难以得到有效保护；②中国的商业法律法规的透明度和可预见性存在疑问，对法律实施的一视同仁也心存担忧；③在中国投资建厂的初期，获得生产场地以及其他运营辅助条件的成本；④在中国建厂能否方便地获得德国企业所需的高技能劳动力和管理人才。

德国隐形冠军企业为了专注在特定细分市场，就需要开拓全球市场，来实现企业增长的目标。相当多的德国隐形冠军对其最重要的现实或潜在市场的中国，是不会忽略无视的。然而德国隐形冠军固有的企业文化，决定了它们不会轻易与中国公司合资或结成战略联盟。它们在进入中国市场的初期，更可能选择独资，但考略到中国市场的风险，又不愿意投入很大的资金。

它们需要获得投资所在地提供下列有竞争力的条件：①较低的生产场地或设施成本；②加强的IPR保护；③对于不熟悉的投资市场的法律/政策/流程有关咨询；④提供需要的公共服务；⑤融资方面的支持。

为了有效吸引德国隐形冠军企业通过中德生态园这块"跳板"，更好地在中国市场开展业务，赢在中国，中德生态园设置了专门为德国隐形冠军企业打造的园区，针对上述隐形冠军特别的五方面需要，提出了一系列专门的支持政策措施和量身定制的商业公共服务，如德国企业信用担保基金。

中德生态园关注引入德国"隐形冠军"企业，能够迅速集聚国际细化市场的最顶尖企业，提高综合技术水平。虽然这些隐形冠军企业并不是世界500强，也不会投资过十亿元、百亿元，但选择这样的企业务实而富有成效，因为这些项目的技术水平和市场能够得到保证，同时也不会存在谈判周期过长、占用招商资源过多等现象。中德生态园现已落户了德国GTP公司、德国辛北尔康普集团、德国卓收国际有限公司、德国博兰斯勒钢琴有限公司等多家德国隐形冠军企业，并保持每年新落户一定数量的德国隐形冠军企业。中德生态园对隐形冠军企业"情有独钟",既是基于对德国企业的了解,也是打造对德经贸集聚区域的应有之选。

同时,通过对落户中德生态园的德国隐形冠军企业的深入了解,我们发现这些企业热衷于落户中国,这些企业大部分逾40%的收入来自中国,因此非常重视中国市场。中国的产业工人素质也获得德国企业的认可,甚至有些企业认为德国工程师短缺是个更大的问题,"中国现在每年产生30万工程师,而我们只有3万。这个问题不久就会对我们造成影响",所以中国的制造业人才基础也是德国看重的重要因素。同时,像中德生态园这种既有两国政府的合作支持,又具备港口运输条件、致力打造对德合作平台的园区更易获德国企业的青睐(见专栏4-2)。

专栏4-2　中德生态园成功吸引的隐形冠军重点项目实例

——德国辛北尔康普项目,德国百年家族企业和隐形冠军企业,产品广泛应用于航空航天、核工业等高科技领域。2015年建成投产,首台压力装备将出口巴西,实现"德国质量、青岛生产、世界市场"。

——德国钢琴项目,该项目由世界著名的德国博兰斯勒钢琴有限公司旗下的欧米勒公司投资设立,主要规划建设其品牌钢琴的研发、生产和展示。

——德国爱德玛自动门封项目,公司在该领域市场排名欧洲第一,主要生产用于自动门密封系统、各种园艺工具及承担德国JCS集团各个子公司在华采购职能。

——德国曼泽纳抛光磨料项目,母公司已有120多年历史,项目建成后将作为德国曼泽纳抛光磨料有限公司中国区总部,主要进行抛光研磨剂研发、销售、分装生产及相关技术的培训。公司产品广泛应用于高端汽车、家电产品、珠宝等领域。

——"德创空间"德国及留德人员创业中心,主要是吸引在智能制造、智慧城市、工业设计、市场创新等方面的德国和留德归国人才,自主创业或服务于青岛产业发展。已与曼海姆MG创新中心签署空间互换协议,促进两地创新交流。

---

(3)"+德国"——融合德国先进技术和整体解决方案加快转型升级。

核心要体现双赢:西门子创新中心与澳柯玛合作,被动房设计师与中国市场。

2014年,中德两国政府正式发表的《中德合作行动纲要:共塑创新》专门就加强中德两国在"工业4.0"领域的合作提出四条建议。特别是其中的41~43条:

41.工业生产的数字化("工业4.0")对于未来中德经济发展具有重大意义。双方认为,该进程应由企业自行推进,两国政府应为企业参与该进程提供政策支持。

42.中国工业和信息化部、科技部和德国联邦经济和能源部、联邦教研部将以加强此领域信息交流为目的,建立"工业4.0"对话。双方欢迎两国企业在该领域开展自愿、平等的互利合作。加强两国企业集团及行业协会之间专业交流有利于深化合作。两国政府将为双方合作提供更为有利的框架条件和政策支持。

43. "工业4.0"在世界范围内的成功取决于国际通行的规则与标准。中德两国将在标准问题上紧密合作，并将"工业4.0"议题纳入中德标准化合作委员会。双方将继续加强中德标准化合作委员会框架下的现有合作，致力于开展更具系统性和战略性的合作。双方一致决定更多关注未来领域，如电动汽车、高能效智慧能源控制/智慧家居、供水及污水处理。

在认真分析德国工业4.0与中国制造的合作交流需求，以及园区自身的优势和弱点，紧紧围绕《中德合作纲要——共塑创新》确定的工业4.0和智能制造合作方向，从技术探索和项目实践两个方面深入推进德国工业4.0和中国制造2025战略融合发展，构建具有中国特色、国际水平的工业4.0和智能制造示范产业体系，2016年园区获全国首批智能制造灯塔园区，未来将积极争创智能制造示范园区，并着重在以下领域加强合作和实践：

①建立地方对德工业4.0和智能制造合作交流机制。充分发挥2015年成立的"青岛中德工业4.0推动联盟"作用，参与产学研全方位、多领域合作与交流。

②搭建智能制造公共创新平台。联合中德企业、高校、研究机构和政府等相关部门，建设智能制造公共创新平台，消化吸收智能制造技术，研发数字化双胞胎、设计仿真制造一体化、全集成自动化生产线等高端智能制造技术，打造国内有影响的智能制造公共创新平台，为中小企业智能化转型升级提供人才培训和技术服务。

③提供智能制造解决方案。在智能制造、机器人、现代物流、大数据应用、信息安全、智慧城市等领域提供智能化改造和智慧工厂建设整体解决方案。

④推进中德智能制造标准方面的合作。总结提炼行业标准，重点围绕智能装备、智能工厂、智能服务、工业软件和大数据、工业互联网等五大类关键技术标准，积极参与中德技术标准、行业标准及企业标准的创建。

⑤建立示范智能制造工厂，成为中国未来智能制造的展示场。

经过上述明确目标的努力，中德生态园在推动中国企业转型升级的"+德国"方面取得了可喜的成绩（见专栏4-3）。

专栏4-3　中德生态园成功推动转型升级的"+德国"项目

——海尔工业4.0产业基地，以海尔集团为建设主体，所应用的技术、装备和服务来自全球200多家企业，其中总体设计由德国弗朗霍夫研究院有关机构负责，软件控制系统由西门子公司提供。通过运用全面网络化，搭建以用户为中心、与全流程实时互联，快速满足用户个性定制体验的互联工厂，生产效率比海尔二代自动化工厂至少提高30%以上，实现了从"企业的信息化"转变为"信息化的企业"。

——智能制造公共服务创新平台，与西门子合作，联合成立借鉴吸收西门子自动化、数字化工厂的技术和经验，研发符合本地产业需求的关键技术、制定行业应用解决方案，同时对典型案例进行展示，主要建设内容有数字化工厂能力中心、培训及接待中心、专业实验室、行业解决方案本地化中心四部分。

——力神新能源项目，总投资 30 亿元，建设年产 10 万辆电动车动力锂离子电池生产装配及售后服务基地。与德国大众汽车、宝马汽车、戴姆勒汽车、德隆叉车等进行设计合作并提供电芯产品，为德国 Neovoltaic、德国 Reful 提供储能产品和技术。

——澳西机器人项目，总投资 3 亿元，由西门子与澳柯玛合作设立，采用西门子先进控制系统及视觉识别系统，主要生产特种机器人、生产线智能制造设备等。

——被动房中国技术研究院，与被动房发明人费斯特教授合作，成立被动房中国技术研究院，开展被动房标准制度、技术研发、咨询推广等工作，先后获国际科技合作奖等表彰。

——正泰屋顶光伏太阳能项目，总投资 5 亿元，建设屋顶光伏太阳能，装机容量约 20 兆瓦，已投入园区光伏业务运营，利用其购并的德国企业先进技术，为落户园区的德国等企业提供光伏太阳能发电设施安装及用地配套等服务。

——塔塔汽车零部件项目，已投产，由世界五百强塔塔集团投资建设商用车关键零部件研发、生产基地，与德国威伯科控制系统公司等合作为德国史密斯、中集（CIMC）、法国劳尔 LOHR 等知名企业提供关键零部件。

4.3.3 打造知识产权保护的高地

现代知识产权体系，是科技、法律、文化、经济的交叉成果和综合集成。最先进的发明创造技术成果，可以依赖专利知识产权得以充分公开并受到法律保护。通过专利许可贸易，专利技术在国内外得以实施，使专利权人在获得合理收益的同时，也能产生较好的经济社会效益（见图4-14）。

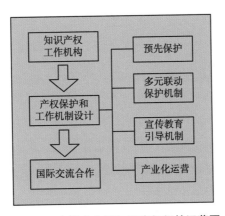

图4-14 中德生态园知识产权保护运营图

（1）建立健全知识产权工作机构。

资料显示，在全球的技术转让和许可收入中，发达国家所占的份额已经高达98%，而发达国家对外直接投资存量仅占全球的2/3。由此可见，发达国家控制技术输出的份额，要远远高于其资本输出的比例。除了技术贸易以外，以商标许可、商号许可、商业秘密许可、版权许可等为主要内容的知识产权贸易，也有飞速的发展。通观全球，无论是处于先进行列的发达国家，还是位于世界500强的大型跨国公司，无一不是研究和实施知识产权战略的高手和权益受益人。知识产权已经成为一个企业乃至国家提高核心竞争力的战略资源，也是培育一个创新和创造能够蓬勃发展并促进未来增长和繁荣环境的关键要素。

（2）注重知识产权保护和工作机制设计。

园区知识产权管理机制的探索创新符合国家总体部署和战略部署。2015年，习近平总书记就知识产权综合管理体制改革做出重要批示。国务院印发的《关于新形势下加快知识产权强国建设的若干意见》（国发〔2015〕71号）中提出"积极研究探索知识产权管理体制机制改革。授权地方开展知识产权改革试验。鼓励有条件的地方开展知识产权综合管理改革试点。"

2013年，园区管委会做出突破常规的决策，在上级组织机构批复的6个机构编制限数内，设立知识产权中心，在加快推进基础设施建设的进程中，同步探索推进园区知识产权保护、创新与国际交流合作。知识产权中心，承担园内知识产权工作的战略规划研究、执法协调、援助服务、培训指导、信息宣传等职能，为投资者提供专利权、商标权、版权、植物新品种权以及商业秘密等知识产权的保护与服务，探索知识产权综合行政管理新机制，推动知识产权国际交流合作平台。

园区积极建立专利、商标、版权等综合知识产权保护机制，将归属不同行政部门的知识产权业务受理、咨询服务等事权，实现一门服务、集中管理、联动执法。探索构建宣传培训导航机制、咨询服务援助机制、国际合作交流机制、联动执法保护机制、多元化解纷争机制、能动司法救济机制、完善立法试验机制等七大机制。

①突出知识产权预先保护。

对于投资入驻园区的国内外企业而言，如何根据中国国情和企业实际发展情况，制定完备的企业知识产权战略、实施严格的知识产权保护策略是急需解决的问题。因此，园区在前移知识产权保护关口上狠下功夫，着力构建知识产权预先保护机制，有效地筑牢了知识产权保护的第一道防线。编制《知识产权保护实用手册》（中、德、韩语版），方便企业全面快捷地了解中国知识产权法律规定。

建立园区知识产权清单备份制度，第一时间引导企业进行知识产权备份登记，重视知识产权管理，同时也针对需求为企业提供门到门、点对点、线连线的个性化指导和服务。发挥知识产权公共服务分平台、维权援助分中心职能，开通"12330""12315"等维权咨询服务热线，设立知识产权网站窗口，提供知识产权线上、线下的维权援助服务。有选择地与近20家全国知识产权服务品牌机构进行对接吸纳，建立并公开知识产权中介服务机构

"网上超市"，发挥知识产权各专业服务团队的优势，满足不同客户的知识产权需求，引导企业建立知识产权管理（见专栏4-4）。

专栏 4-4　知识产权保护企业常见的误区

目前，一般中小企业在知识产权保护上存在以下认识误区：

误区一：重技术、重质量却轻视知识产权保护。很多中小企业舍得投入研发新产品、新技术但却对自己的研发成果缺乏保护意识甚至不知道如何运用知识产权来保护自己的成果。

误区二：对自身知识产权保护意识不强。由于规模较小、受经济条件等很多因素的制约，多数中小企业对自身所应拥有的专利、商标等知识产权没有申请法律的保护，直到企业的知识产权被别人侵犯了才有所认识。

误区三：对侵犯他人知识产权的认识不深。一方面表现在由于信息的匮乏，企业对侵犯他人的知识产权浑然不知。另一方面很多企业存在侥幸心理认为侵权不会被别人发现。

误区四：不善于通过法律手段保护自己的知识产权。很多企业对于自身的知识产权被侵犯后，很少采取维权成本相对较高的法律手段来保护自身的知识产权。

误区五：企业没有制订知识产权战略，认为知识产权战略在企业的发展中无足轻重，只要有技术，企业的发展便可以高枕无忧。

此外，尚未建立知识产权管理部门，没有专门负责知识产权工作的人员，真正了解和懂得知识产权知识的人才不多也是一个共性问题。

---

②构建知识产权多元联动保护机制。

知识产权保护中的行政执法与司法保护"两条路径、协调运作"一直是中国知识产权保护制度的特色，通过20多年的实践证明，这种"双轨制"是适合中国特色和中国发展国情的。中国政府发布实施了《新形势下加快知识产权强国建设的若干意见》，明确提出要深化知识产权重点领域改革，实行严格的知识产权保护制度，营造更好的创新创业环境和公平竞争的市场环境，促进经济创新发展、开放发展。园区在探索知识产权保护路径中，着力推动知识产权保护法治化，发挥司法保护的主导作用，完善行政执法和司法保护两条途径优势互补、探索与仲裁、调解等多元方式有机衔接的知识产权保护模式（见图4-15）。

图4-15　中德生态园知识产权多元联动保护

加强行政执法联动。与市区知识产权部门签署备忘录，在园区设立全省首家专利纠纷调解与处理审理庭，开展知识产权快速执法调解联动机制创新试点，高效开展专利纠纷调解与处理工作。与海关、市、区知识产权部门联合在全国率先建立进出口环节专利执法协作机制，搭建起沟通顺畅、信息资源共享的常态化合作交流渠道，维护企业合法权益。

发挥司法保护主导作用。园区注重构建知识产权纠纷司法救济机制。与辖区所在地的基层法院、中级法院合作共建标准化、信息化的知识产权案件审判专业法庭和巡回法庭，启动了山东省首个知识产权巡回法庭——青岛市中级人民法院中德生态园知识产权巡回法庭，构建"方便诉讼、就地审结"的知识产权案件初审和上诉审的司法救济机制，创新实行对知识产权民事、行政、刑事案件"三审合一"的审判模式，实现了知识产权一审、二审法庭齐驻中德生态园的布局。

探索仲裁裁决机制。与青岛仲裁委依法设立了山东省首家知识产权仲裁院，立足新区，辐射全市全省，面向国际开展知识产权仲裁服务。坚持专业化、国际化、权威性标准，通过联络德国驻华大使馆、德国工商大会以及国内外知名知识产权科研机构、专业服务机构推荐等方式，经过严格筛选，首批聘请来自德国、英国、美国等10多个国家和地区的70名知识产权和经贸领域的知名学者、行业专家、教授担任仲裁员。

搭建专家介入的调解平台。主动对接协调区司法局、区科技局、区市场监督管理局、区综合执法局、驻区高校、专业律所等，2016年西海岸新区知识产权纠纷专业人民调解委员会在园区正式挂牌成立；此外，还积极协调辖区法院，推动西海岸新区知识产权纠纷诉调对接中心，充分发挥调解在知识产权矛盾纠纷化解中的重要作用。

③深化宣传教育引导机制。

培育能够鼓励和尊重知识产权的环境是所有WIPO成员共同执守的基本原则。我们深刻地认识到，在全社会营造知识产权文化氛围，增强社会公众的知识产权意识，是建设知识产权强国的一项基础性工作。园区十分重视知识产权法律宣讲。就企业知识产权保护发展的现状、存在的问题、纠纷等提供应对策略，通过灵活多样的形式为园区职员和企业持续深入进行知识产权法律普及和教育，并成功搭建了一个由政府、高校、科研院所、企业、银行、中介服务机构等多方参与的沟通交流平台，营造尊重知识、崇尚创新、诚信守法的知识产权文化环境。

④探索推进知识产权市场化保护和产业化运营。

知识产权是一种经济性的权利，获得不是目的，保护也不是目的，将它转化为生产力，转化为企业的竞争力才是最根本的目的。园区在构建知识产权多元保护机制的同时，在探索知识产权市场化保护及产业化运营的道路上努力前行（见专栏4-5）。

专栏 4-5　知识产权市场化和产业化发展

1. 探索知识产权综合保险。为进一步拓展知识产权保护的广度和深度，帮助企业防范和转移知识产权风险，中德生态园管委与苏州凯金知识产权公司、国泰财险正式签署"知识产权综合责任保险"合作框架协议，有序推出包括专利权、商标权、著作权、植物新品种权等在内的知识产权综合责任保险。已研究出台了知识产权综合责任保险的具体实施方案和相关扶持补贴政策，探索将知识产权纠纷或侵权损失引导进入市场化保护的新路径。

2. 搭建知识产权投融资平台和服务市场。与中国技术交易所、青岛银行、国家知识产权局直属的中央级无形资产评估机构北京连城资产评估有限公司共同签署了《知识产权投融资战略合作意向书》，拓宽知识产权质押、出资入股、融资担保等投融资方式。联合举办"知识产权与金融创新发展"研讨会，邀请来自香港的国际知名保险专家以及从事行政管理、实务操作、法律研究等方面拥有丰富经验的专家对国际、国内知识产权保险发展现状和趋势进行了讲解，为知识产权产业化奠定基础。

3. 开展入驻园区项目知识产权评价准入。率先把自主知识产权作为投资项目准入园区的一个评价因子，对拟投资项目所涵盖的知识产权综合权重作为准入条件，设置了专利、商品 / 服务商标、版权、商业秘密等知识产权作价投资，以及知识产权管理与信用记录等 10 项评价指标，旨在引导和促进投资者重视知识产权价值，挖掘已有的知识产权潜质，加强知识产权保护与交易，培育以知识产权为核心的竞争软实力，实施创新驱动发展。

（3）积极参与推动知识产权国际交流合作。

随着经济全球化的进一步深入以及随之而来的数字化转型，特别是以信息网络技术为代表的新技术革命正在迅速地改变着创新和创造的格局，对知识产权保护提出了新的课题和挑战，引起世界各国关注，互联互通突破了国界，由此产生的知识产权问题也需要各国共同研究和及时应对，因此园区着力加强人才培养，深化对外交流合作，力争建设成为知识产权司法保护国际交流的重要窗口（见专栏4-6）。

专栏 4-6　知识产权国际化合作

争取国家商务部等有关部委支持，积极进入"中欧知识产权合作"对话项目，与中欧知识产权合作组织 IP KEY 建立了常态化的合作关系。

2014 年成功举办"中欧知识产权保护机制圆桌会议"。2015 年参加"上海自贸区知识产权仲裁、调解和司法程序的完善"圆桌会议并做主题发言。2016 年成功举办"中国企业跨国投资发展的商标战略研讨会"，以此与欧盟知识产权局建立联系并实际开展工作。2017 年以"新常态下的知识产权保护"为主题的第十二届同济—拜耳知识产权论坛在中德生态园举办。来自中德两国政府、司法界、学术界、企业界以及知识产权中介组织的 150 余名专家和代表齐聚，致力于借鉴国外先进经验，提高中国知识产权意识。

中德生态园知识产权中心成为国际保护知识产权协会中国分会的集体会员，2016 年出席国际保护知识产权协会中日韩分会西宁会议。与韩国仲裁员协会、全球内容仲裁协会、青岛仲裁委员会办公室成功举办"中韩内容和知识产权仲裁实践新趋向"主题论坛。与世界知识产权组织驻中国办事处、中欧知识产权组织欧方团队进行了洽谈合作。德国巴伐利亚州司法部考察团、柏林—勃兰登堡州法官代表团专程就知识产权保护工作考察中德生态园，充分肯定了园区在知识产权保护方面的先进做法。

汇聚中德知识产权专家把脉导引。成立了由中德两国来自知识产权行政管理、法学研究等领域具有较高声誉和影响力的专家组成园区知识产权专家咨询委员会，合力优质高等院校培养国际知识产权专业人才，推进与中国政法大学、厦门大学等高校合作共建知识产权法学研究生联合培养基地，这标志着山东省产业园区内首家以知识产权法为主、兼容其他民商法学的研究生联合培养基地正式在中德生态园建立，着力培养会外语、精专业（高新技术）、懂法律、善经营的"四位一体"复合型人才。未来中德生态园将成为知识产权专业型、国际型、实用型人才的培养基地，为推动知识产权事业的发展发挥更为深远而重要的作用。

4.3.4 中德生态园绿色产业体系培育方案的实施

中德生态园把产业发展的中心放在绿色产业体系的培育、平台化建设、企业加速器、智能制造产业、生命健康产业发展等方面。经过多年的着力打造，中德生态园在绿色产业体系建设方面取得了较大的进展。

（1）平台化建设。

平台建设方面，引入德国企业中心。德国中心全称德意志工商中心，由德国巴伐利亚州立银行和巴登符腾堡州立银行联合运营。德国中心作为双边经济交流的平台，为德国中小企业进驻海外市场提供全方位支持，同时也促进了当地企业同德国中小企业、商会及德国政府间的合作。

在青岛中德生态园建立德国企业中心，由上海德国中心向中德联合集团有限公司提供有关建筑概念、规划、建造及运营方面的咨询，并提供对德国中小企业招商引资的整体支持。中德联合集团有限公司同上海德国中心签署《咨询服务合同》，上海德国中心为德国企业中心的建设提供了概念、定位、规划、能源设计、IT和通讯方面的咨询。

2013年德国企业中心奠基，在建造过程中采用环保材料以及绿色建筑模式，在设计、采购、建设等环节，充分运用了德国设计、德国理念和德国标准，并因此获颁德国DGNB认证铂金奖证书以及国家"三星级绿色建筑设计标识证书"，成为国内首个获得DGNB铂金奖认证的建筑综合体项目。

2016年德国企业中心正式启用，德国企业中心占地面积2.8万平方米，总建筑面积7.42万平方米，包含2座办公楼和1座国际四星级酒店，成为中国规模最大、标准最高、功能最全的德国企业服务平台，旨在为德国中小企业进入中国市场提供市场咨询、产品展览、办公用房、商务会谈、住宿、休闲娱乐、餐饮等服务。

南区办公楼为国际合作创新中心，共8层，包含办公楼、餐厅和车库，建筑面积2.12万平方米。北区办公楼为青岛德国企业中心，共10层，建筑面积1.57万平方米，委托上海德国中心开展招商和运营管理，目标定位为德国中小企业业务发展平台。目前已入驻企业有帕艾斯电子技术有限公司、中德建筑设计咨询（青岛）有限公司、德国Grunbeck污水处理公司、青岛合能环境技术有限公司等一批重量级企业、德资企业。（添加照片）

（2）企业加速器。

青岛中德生态园以"靶向招商、筑巢引凤"为理念，以提高土地利用率、促进产业集聚为目的，立足园区产业定位，精研企业发展需求，把企业加速器建设作为推动项目落地和产业集聚的有效切入点。促进和形成德国中小隐形冠军企业的集聚地，倾心打造企业加速器平台，为中小企业提供通用厂房、定制厂房、孵化平台等生产和发展空间，并提供融资担保、股权投资、项目代建、项目管理等合作方式，协助企业落地。

企业加速器平台具有通用性、配套性、集约型的特征。在施工前对现状、规划设计条件、任务书以及相关法规条例进行了认真研究，分滤企业的使用要求，并结合项目的实际情况，力求实现"规划、设计、工艺、产品、效益"相结合，可以满足人文的、科技的、可扩充的、可转换的使用需求，体现出现代建筑应用新技术、新材料、新理念的发展特征，为企业"量身定做"可持续发展的生产平台，保证了现代厂区的发展需求和整体项目建设发展的可实施性。在正常情况下，项目从签约、开工到投产，大约需要两年的时间。而企业加速器平台由于省去了冗长的建设周期，项目入驻后一般半年即可实现竣工投产，且节约用地、便于管理服务。

截至2018年，目前加速器一期已建49289.2平方米，加速器二期已建8773.44平方米，通用厂房已建20663.3平方米。在建项目包括：中德商通项目，总用地约37.7亩，总建筑面积约26445平方米；质检园项目，占地面积74599平方米，总建筑面积为77684.02平方米。

在建设施工方面，所有厂房均满足绿色建筑标准设计要求。同时还运用海绵城市理论、遵循生态优先等原则，将自然途径与人工措施相结合，在确保地块排水防涝安全的前提下，最大限度地实现雨水在地块内的积存、渗透和净化，促进雨水资源的利用和生态环境保护。此外，为更全面地利用可再生能源，所有工业项目均设置屋面光伏系统。

完善厂房配套设施，做到既满足入驻企业生产经营所需要求的同时，又充分考虑办公和生活服务设施需求，合理设置办公和生活服务区。另外，为保证非定制厂房的通用性，企业加速器按照丁戊类防火等级进行设计。后随着园区招商工作的开展，为更好地满足使用方的多样化需求，将质检园项目由丁戊类防火等级升级为丙类。

企业加速器优质的通用厂房及配套服务吸引了大批德国企业入驻，目前已有JCS、阿普利特、曼泽纳等多家隐形冠军企业抱团入驻（见专栏4-7）。

专栏4-7　中德生态园的企业加速器部分入驻企业

——德国 JCS 集团是一家拥有 300 多年历史的家族企业，总部位于德国安思贝格市，主要从事门底自动密封装置、建筑五金护栏系统、人员疏散隔离栏、旗杆等领域的高尖端产品的生产和销售。德国苏菲瀚玛建筑五金（青岛）有限公司是德国 JCS 集团在中国成立的第一家独资企业，负责德国品牌爱德玛系列门底密封装置在大中华区的生产和销售，标志着 JCS 集团将打破其多年专攻欧美市场的战略，迈出进军中国市场的第一步。

——普威特涂层项目：项目总投资 500 万欧元，规划建设 3 条生产线，设立涂层生产基地，进一步拓展中国市场。德国普威特等离子真空技术有限公司是当今世界上最先进的超硬涂层技术研发和设备制造公司之一。

——阿普利特项目：项目总投资 40 万欧元，租用的厂房建设国家实验室，检测设备全部进口，主要开展对家用电器进行测试、技术评估和分析，出口到欧洲的家用电器产品需要取得该检测论证。

——美国清冰机项目：由美国 RUTHERFORD ENGINEERING & DESIGN 公司联合国内公司投资设立，总投资 3000 万美元。主要采用美国技术，规划建设智能化清冰机研发生产基地。项目全部投产后，年产值 2 亿~3 亿元。

——科莱尔机器人项目：总投资 5000 万元，主要生产基于数字化系统（MES、WMS）利用（CCD 和机械手）为家电行业和汽车行业生产制造过程中提供智能化生产的整套智能制造解决方案，进行工业机器人自动化设备的研发和生产。

——德国 GTP 铸造冒口制造项目：由德国 GTP SCHAEFER 公司投资设立，总投资 500 万欧元，厂房面积约 2400 平方米，建设高品质铸造材料生产基地。德国 GTP 冒口公司是欧洲著名的放热和隔热冒口装置制造方面的隐形冠军企业，也是欧洲最大研发、生产、销售发热保温冒口铸件的公司。

——澳西智能项目：由澳柯玛与西门子双方共同从事特种机器人、无人驾驶车辆（AGV）、工业机器人及智能装备（白电工厂智能制造系统）等合作研发及产业化，打造国际领先的智能制造装备及系统解决平台。

（3）智能制造产业。

青岛中德生态园自2013年启动建设以来，大力推广智能制造，积极培育经济发展新动能。2017年园区获评全国智能制造示范园区。2018年"中德智能制造技能人才双元培养与认证中心中国分中心"落户青岛中德生态园，承担国内机电一体化及智能制造领域世界技能大赛成果转化、相关专业建设、技能人才分段培养、技工院校师资研修培训、课程本土化开发、技能人才评价标准研究及国际证书考核、实习就业等任务。

2018年以"机慧圈、创机会"为主题的"机器人&人工智能'机慧圈'创新联盟"成立仪式在青岛西海岸新区中德生态园举行。联盟将主要围绕人工智能、机器人产业链，协作搭建交流合作平台，开展智能制造方面的研发、应用、产业化、教育培训，形成会员互利共同体。

"机慧圈"有两方面含义：一是机器人、人工智能的生态圈，依托现有企业和资源，重点开展人工智能、机器人产业链的研发、应用、人才引进、教育培训、产业化推广等，积极推动高端产业智慧化，培育智能制造新动能，提升创新发展活力。二是机会的共享圈，抢抓新时代战略机遇、优势资源，聚集企业间的合作成长机会，设立"机慧圈"基金为联盟成员提供资本支持，吸收西门子等全球创新资源提供技术支持，依托青岛科技大学、同济大学等科研力量提供研发支持，发挥政府引导机制提供平台及人才教育支持，减少"圈内"企业研发成本，激发"圈内"企业创新活力，提供"圈内"企业拓展机会。

人工智能"机慧圈"创新联盟成员已有多家企业加入，联盟成员单位可优先获得机慧圈基金支持；符合条件的成员单位可优先入驻双创中心；优先免费使用园区智能制造创新平台；优先分享联盟内部人才培训、技术成果、产业信息和产品推广等资源。

近年来，青岛中德生态园大力推进智能制造产业发展，依托国际化合作的发展定位，先后被工信部评为全国首批智能制造灯塔园区、长江以北唯一中德智能制造合作试点示范园区。

园区集聚了西门子、海尔工业智能研究院、明匠等高端研发机构，海尔工业 4.0 中央空调、滚筒洗衣机等智能化生产企业，与弗朗霍夫研究院、德国工程院等开展多方位合作，将打造成具有国际化示范意义的高端生态示范区、技术创新先导区、高端产业集聚区。

智能制造和工业4.0是21世纪在全球兴起的新概念，其产生有深刻的经济发展需求和科技进步驱动因素，是未来制造业发展的必然选择。

智能制造是信息化与工业化高度融合的产物，青岛西海岸新区在推进新旧动能转换的进程中布局建设四大产业基地，青岛中德生态园发挥"互联网+"的先导作用，突出生产智慧改造、产品智慧升级、业态模式创新、产业生态构建等方向，构筑平台支撑的产业生态，推动西海岸新区产业互联网中心、智慧制造基地和互联网工业的发展。

打造智能制造创新基地。西门子（青岛）创新中心是西门子在德国本土外的唯一工业4.0研发中心。海尔工业智能研究院正式投入运营，被工信部评为智能制造示范单位。由西门子与澳柯玛集团合作成立的澳西智能科技有限公司，12月5日发布首个新型机器人，将联合开展工业机器人、特种机器人、无人驾驶等技术和智能系统的研发应用。

打造智能制造示范基地。建设海尔工业4.0中央空调智能工厂，是全球第一个磁悬浮中央空调智能互联工厂，建成大型装备在线定制典型示范项目，智能平台集合300多家中外机构联合创新，生产效率比二代自动化工厂至少提高30%以上。

打造对德合作示范基地。参与智能制造国际合作，发挥工信部中德智能制造联盟副理事长单位作用。工信部中德智能制造驻德办事处在中德生态园法兰克福办事处成立，被联盟授权承担对德工业4.0推广合作职能，成为中德智能制造合作的国外平台。

打造智能制造人才培育基地。与工信部人才交流中心建立智能制造国际培训中心。开工建设总投资25亿元的中德双元工程学院，引入德国帕德博恩大学等优质教育资源，办学规模达12000人。与德国赛德尔基金会合作，总投资11亿元的智能制造双元职业学校开工建设，招生达8000人。同时，引进莱茵科斯特智能制造等教育培训机构，建设从中级职工到专业设计专家的全系列人才队伍。

（4）生命健康产业。

青岛西海岸新区是承担国家海洋强国战略的国家级新区，位于青岛国际经济合作区——中德生态园是全球目前唯一在建的国家海洋基因库，正在打造微观世界的"透明海洋"，打造海洋强国战略的重要技术平台。青岛国际经济合作区（中德生态园）大力发展实体经济，培育新动能，着力构建现代创新性、引领性产业体系，截至目前，以生命健康、智能制造、节能环保以及隐形冠军为代表"3+N"的产业体系初步形成。多家世界500强、多家隐形冠军、多家中外企业落户园区。目前，以正大制药、华大基因、百洋医药为代表的一批生命健康领域的创新型企业建成投产，园区将进一步优化投资环境，吸引更多创新型企业落户，打造生命健康产业高地。

2018年，正大制药（青岛）有限公司研发生产基地在青岛国际经济合作区（中德生态园）正式启用，将与中国海洋大学联合创办国内领先、国际一流的海洋药物研究开发实验室。根据规划，正大制药（青岛）将实现年产40亿元抗骨质疏松类药物及50亿元海洋药物，成为国内领先的海洋药物及抗骨质疏松药物研发、生产企业。

生命经济涉及医疗与健康产业、农业、环保、渔业等多个与生产和生活息息相关的领域。近10年来，生命经济发展迅速，特别是生命健康产业产值每五年翻一番，年增长率高达25%~30%，是世界经济年增长率的10倍。医药工业是生命健康产业的龙头，2010年全球医药工业总产值约8700亿美元。各国政府十分重视生命健康产业，美国政府对生命科学投入的研发经费占研发总经费近50%。日本政府于2002年12月提出"生物技术产业立国"的口号，把生物产业作为国家核心产业来发展，日本已成为世界第二大医药生产市场，生命健康相关产业的市场规模近30万亿日元。此外，农业分子育种和工业生产也伴随着生命科学研究和技术的革新发生了翻天覆地的变化。

作为生命经济产业的核心，基因组学的快速发展为人类跨过农业经济、工业经济和信息经济而进入生命经济新纪元奠定了基础。基因组学研究和产业应用中，最关键的技术基因组的"读"和"写"技术，"读"即DNA的解码，而"写"技术则为基因组的合成和编辑。这两方面的科学研究和技术开发方面在最近的10年内发生了颠覆性的发展。

生物医药产业是园区重点发展产业，根据中德生态园管委工作部署，园区专门成立生命经济产业策进会，加快推进园区生命经济产业发展，推进重点生命经济产业项目招商、投资促进、平台建设及运营等工作。重点推进华大基因"1+10"项目，积极推动正大制药、旭能生物等项目建设。依托三库两平台，争取用5年左右的时间打造生命经济全产业链，努力打造生命经济产业示范区。

①搭建基础研究和公共研究平台。青岛华大基因在中德生态园总占地60亩，其中一期总建筑面积2万平方米，包括基因数据库大楼、研究中心大楼和基因样本库大楼。青岛华大基因研究院已经完成注册工作，为青岛市二级事业单位。研究院现由一批国际顶尖基因组学专家和学者带领的60多人的团队组成，团队规模达到300人以上。目前D栋1000平方米的测序平台和办公区域已经建设完成并投入运营，其中测序平台已搭建完成，由30台完全具备自主知识产权的BGISEQ-500系统组成，测序通量跃居山东省首位的测序实验室搭建全新的自动化基因编辑和合成平台，国家海洋基因库的"三库两平台"搭建完成，建成整个中国北方最具规模和影响力的基因组学研究中心。

②建设世界规模最大海洋基因库。21世纪是海洋的世纪，山东省是重要的沿海省份，青岛西海岸新区承担着国家级海洋发展战略，华大基因在中德生态园建设国家海洋基因库，将利用三至五年时间，重点建设7大平台，即：可溯源样本库、高效生物信息数据库、测序与表型数字化、基因组合成与编辑、生命大数据挖掘与研究5个专业科研平台，科技成果转化孵化、创新人才培训等2个服务平台，实现海洋生物资源研究的"存、读、懂、写、学、用"，实现组学研究和产业化的贯穿，打造世界最大的海洋"种子银行"和"生命方舟"，建成中国可溯源样本储量最大、海洋生物基因组数据储量最多、具有国家战略意义和国际影响力的国家海洋基因库。下一步，将利用3~5年的时间，建成全球规模最大的海洋基因库和跨组学研究中心，弥补国际国内在该领域空白。

③服务健康中国战略，打造出生缺陷最低区。中国是出生缺陷高发国家之一，每年约有90万名出生缺陷儿。华大基因无创产前检测技术、肿瘤早诊等技术世界领先，受惠人群200万以上，遍及全球65个国家和地区。从2017年开始，华大基因北方中心与青岛西海岸新区合作，采用先进的无创产前基因检测技术（NIFTY@），该技术在具有无创伤性（仅需抽取孕妇5ml外周血）、高精确度（99.9%）、高覆盖度（检测全部染色体非整倍体异常）和高通量（自动化程度高、单次检测样本数多）等多项优势，用于出生缺陷防控民生普惠工程，以接近成本的价格覆盖新区2.5万名孕妇，做到全球首个百万人级城区实现基因检测全覆盖，在增加社会效益的同时，每年可减少3亿元的社会和财政支出。预计到2021年，将推动青岛西海岸新区实现全球出生缺陷最低区域。

总之，中德生态园在生命健康产业发展方面，引进全球最大基因组学研发机构，打造生命经济产业链条，初步构建包含基础研发、药物生产、药品流通、临床应用等体系。加快基因科技在生命健康产业的布局和技术支撑，积极建设健康诊疗中心、海洋生物研究中心、透明海洋研究中心、医药物流研究中心、医疗器械研究中心和科技研发服务中心等创新载体，推动生命健康大数据和现有常规医疗及大健康市场的深度融合，打造生命健康产业发展策源地。同时，依托基因技术促进相关领域产业化，培育形成新动能主体力量。

（5）新能源新材料。

新能源新材料产业，是国家"十三五"重点发展的产业之一，其中，新材料产业是通过物理研究、材料设计、材料加工、试验评价等一系列研究过程，创造出能满足各种需要的新型材料的技术应用产业。新材料是在环保理念推出之后引发的对不可再生资源节约利用的一种新的科技理念，新材料是指新近发展的或正在研发的、性能超群的一些材料，具有比传统材料更为优异的性能。其发展方向方面主要包括：超导材料、能源材料、智能材料、磁性材料、纳米材料等。

新能源产业主要是源于新能源的发现和应用。新能源技术主要包含已开发利用或正在积极研究、有待推广的能源技术，如太阳能、地热能、风能、海洋能、生物质能和核聚变能等（见图4-16）。

图4-16　青岛中德生态园内亚洲体量最大的被动房公共建筑

青岛中德生态园在新能源新材料产业发展方面，突出技术引领发展，形成以被动房研究中心为核心的研发基地；推进项目示范建设，形成以力神动力电池100亿WH基地、蓝科途电池隔膜为核心的生产基地；被动房专业人才培养，形成以被动房研究中心为主的专业人才教育中心；推进朗进新能源、绿色能源互联工厂、黑猫炭黑研发中试基地等开工，扩大产业规模。

随着中德新能源新材料产业的发展，全面推进能源生产和消费革命，聚焦绿色生态、低碳节能建设先行先试，促进绿色建筑、海绵城市、可再生能源等广泛应用。着力建设新能源研究中心、新材料研究中心、被动房研究中心和生态发展研究中心等创新载体，以被动式绿色建筑开发推广为重点，发展上游科技服务业、中游先进制造业、下游配套服务业在内的被动式建筑全产业链，打造中国北方被动房产业基地。积极研发推广新能源技术应用，重点发展多能互补集成优化的分布式能源系统，发展动力电池、储能技术。力争在生态节能建筑和多能互补能源综合利用方面形成示范引领。

（6）高端装备产业。

高端装备制造产业指装备制造业的高端领域，"高端"主要表现在三个方面：第一，技术含量高，表现为知识、技术密集，体现多学科和多领域高精尖技术的继承；第二，处于价值链高端，具有高附加值的特征；第三，在产业链占据核心部位，其发展水平决定产业链的整体竞争力。

高端制造产业既包括传统制造业的高端部分，也包括新兴产业的高端部分，中国已经出现很多专业的第三方研究机构，如"高端装备制造业第三方专业课题研究中心——中国重大机械装备网"。随着社会的进步，科技的发展，课题的研究越来越深入，对研究人员的要求也是越来越高（见图4-17）。

图4-17　德国大陆汽车集团落户中德生态园

对中德生态园产业发展而言，高端装备制造产业将成为带动整个装备制造产业升级的重要引擎，成为战略性新兴产业发展的重要支撑。把高端装备制造业作为战略性新兴产业重点培育和发展是走上创新驱动、内在增长轨道的必然选择，是今后相当长一段时期内的重点举措。中国面对全球竞争加剧，环境资源约束日趋严峻和高级人才短缺等挑战，必须从战略的高度重视以发展高端装备制造业来推动整个装备制造业的振兴，更有效地为各领域新兴产业提供装备和服务的保障。

高端装备产业发展方面，中德生态园大力发展节能环保、清洁生产、清洁能源产业，初步构建从研发、高端装备制造、人才培养等全产业链，依托智能制造、生物医药、新能源新材料等产业基础和创新载体，推进重点项目建设，形成以德国大陆汽车、塔塔优客、美国清冰机为代表的高端装备示范项目；加快汽车配件、石油开采机械、被动房新风系统专业人才培养。未来将引进航空装备、海洋资源开发装备、与智能制造产业融合的高端制造产业项目。

（7）其他产业培育。

目前重点培育具有未来引领作用的"4+N"产业体系，除智能制造、生命健康、新能源新材料、高端装备等四大产业外，高质量发展隐形冠军企业、教育、医疗等"N"产业。围绕延伸产业链，在精准招商方面，要引进世界500强、隐形冠军企业，需要更加注重项目质量和数量。在招商对象上，要组建专业团队，集聚各类招商资源，提升对德、拓展对欧、突破日韩。

4.4 产业发展展望

创新型园区的产业发展之路，必然面临诸多挑战。目前，一般园区产业发展除市场不确定因素外，存在以下方面需要不断创新和积极寻求解决方案。

（1）技术层面完整度不够。目前工业互联网平台产业仍在发展初期，还有许多层面的问题需要解决，特别是在解决方案的完整度、兼容性上仍有很大提升空间。

（2）企业面临较大的资金压力。目前中德生态园的多数企业，如智慧制造企业绝大多数为中小企业，资金实力有限，较难支撑巨大的智慧化建设、维护投入及研发投入。以智能化改造过程中的软件为例，被调查的一些企业表示，通常功能好的设计软件售价极高，而开源软件功能简陋，影响工作效率。适应企业现状的信息系统、生产设备多需要定制、开发，成本高昂；后期与其他系统联动、二次开发，费用很高。

（3）产业链需要进一步强化协同效应。目前阶段产业各环节单项建设情况尚可，但多数企业并没有将研发、设计、应用、服务各环节进行链式整合，很多企业的主要业务创新建设从起步开始就是分头建设，缺乏统一规划，各系统之间的综合集成、协同与创新的水平不高，难以实现各系统间的数据共享与衔接。

（4）行业人才集聚问题。新型产业发展融合了新一代信息技术与主体业务两个方面，对人的素质提出了更高的要求。很多企业反映，作为信息技术与高端创新技术融和的产业，其推进更多的是需要复合型的人才，既要了解行业生产流程工艺，又要熟悉信息技术、物联网、主体业务的相关知识，企业引进及培养成本较高。

产业发展过程中遇到的问题远不止这些，关键是中德生态园已建立并将持续完善去解决这些问题的机制，有理由、有信心相信园区的产业会在绿色的道路上日益发展壮大。

名人评价

我们同中德生态园一同建立西门子创新中心。未来，面向数字时代，我们将继续致力于提供工业 4.0、智能制造的解决方案。

——2016 年，西门子大中华区总裁赫尔曼

在中德生态园投资是大陆集团董事会明确作出的决定。正是中德生态园拥有强烈的德国元素，使德国企业来到这边有一种宾至如归的感觉，会让企业觉得在这种熟悉的环境下更容易进入中国市场，迅速地打开局面，我相信这对以后的研发生产有非常大的帮助。

对于企业来说，自身最大的期望还是要把一期的工厂项目先做好，发展得好的话，还会继续加大投资力度，对于企业来说，希望园区能打造一个更适合企业发展的环境，让企业能寻求更大的发展。

——2016 年，大陆集团执行董事会成员、康迪泰克事业部全球总裁汉斯·杜恩

专程考察中德生态园，明确指出经济发展是中德生态园的活力源泉，是其可持续发展不可或缺的核心要素之一。中德生态园经济发展是否成功有四个基本的衡量准则：①产业的创新能力；②产业集群发展状况；③产业的绿色程度；④中德两国市场主体在园区的存在与活跃程度。

——2017 年，商务部欧洲司司长周晓燕

第5章 绿色建筑和可持续基础设施

基础设施建设水平是园区竞争力的重要决定因素。园区的可持续基础设施建设对园区的可持续发展起着基础决定性作用。园区可持续基础设施主要涉及建筑、能源、交通、水资源综合管理与利用、废物和循环经济和绿色基础设施等。

基础设施是经济发展的先决条件。现有基础设施的内容和形态在很大程度上是传统工业时代的产物。随着数字与绿色时代的到来，不仅传统基础设施的形态会发生变化，而且对新型基础设施也提出了进一步的要求。前者指能源、给排水和道路等传统基础设施的绿色化，后者则包括移动互联、数字化、生态环境、景观设计、文化创意等新经济的必要条件。园区要实现绿色转型，首先必须重塑其可持续基础设施。

基础设施指为人文和经济活动提供便利和支持的基本结构，因此基础设施建设就是实体的组装，为居民生活、企业和国家机构提供服务。传统的基础设施概念重视硬件设施，而现代概念转向越来越重视基础设施提供的服务。

基础设施服务被公认为是具有成本效益的、可靠的、可负担的，而且对可持续发展起着举足轻重的作用。近期通过的2015年后可持续发展目标（SDGs）就反映了这一点（见可持续发展目标7、9、11、13，分别关于清洁能源、基础设施、可持续城镇以及气候行动的目标）。

5.1 绿色建筑

5.1.1 德国DGNB在中国的实践

5.1.1.1 最严格的可持续建筑标准——德国DGNB标准

DGNB认证反映并凝聚了整个德国建筑和区域建设的专业和技术优势。DGNB建筑可持续评价系统，是一套以评价和优化建筑物及城区的环保性、节能性、经济性和使用舒适性等为目标的评价系统。此系统在可持续建筑物和城区的设计、施工和运营等方面进行评价和指导，DGNB体系在解决国际范围内可持续建设的各个关键问题中正被越来越多地采用。

DGNB从环境质量、经济质量、社会文化及功能质量、技术质量、过程质量及场地质量六个方面来综合评判一个建筑物的得分。

在环境质量控制中，DGNB体系对建筑物碳排放量首次提出了系统而可操作的计算方法。建筑全生命周期主要表现在建筑的材料生产与建造、使用期间能耗、维护与更新、拆除和重新利用这四大方面上。DGNB立足于建筑全生命周期，从以上四个方面综合考虑降低建筑物的碳排放量。建筑物的全生命周期评价（LCA），通过计算建筑物在全生命周期中的全球温室效应影响（GWP）、酸雨（AP）、臭氧层消耗量（ODP）、富营养化（EP）、光化学烟雾生成（POCP）五个值，综合考虑本建筑在全寿命周期内对环境的整体影响。

另外，在环境质量控制中，DGNB还从本地环境质量影响、采购责任、一次能源、饮用水需求和废水生产量、土地使用等几个方面明确提出了为达到目标值所采取的一系列措施。

在经济质量控制中，DGNB主要关注的是建筑及相关材料的全生命周期成本（LCA），主要包括建造成本、运营成本、维修成本、拆除成本四个方面。通过计算LCA，综合考虑建筑物的性价比。为减少后期使用者的改造费用，DGNB还提出了灵活性与适应性的要求，在设计建造时，就要求机电有相当的预留接口。DGNB关注建筑的商业可行性，考虑建筑的中长期的使用情况，认为空置的建筑并非可持续建筑。

在社会文化及功能质量控制中，DGNB分别从热舒适度、室内空气质量、声环境舒适度、视觉舒服度、人员控制、室外空气质量、安全与安保、无障碍设施、公共可达性、自行车配套设施、设计与城市品质、公共艺术的融合、空间的多元化多个方面来衡量。同时，为实现上述方面的要求，提出了具体的指标及操作方式。

在技术质量控制中，DGNB分别从防火、室外噪声控制、建筑围护质量、技术体系的适应性、建筑清理和围护的难易度、建筑材料拆卸和处理的难易度、室外噪声控制几个方面来衡量。这其中的建筑物围护质量规定，对建筑物的外围护结构的传热系数，幕墙窗户的气密性、水密性、透光率等参数提出明确的要求。

在过程质量控制中，DGNB分别从整合项目信息、整合设计、完整的设计理念、招标阶段融入可持续理念、设备管理文件、施工对环境的影响、施工质量保证、系统调试几个方面来衡量。即从设计的最初，DGNB的审计师就整合全过程的设计队伍，给他们做DGNB方面的培训，保证设计的成果能完全体现DGNB最终的要求。后续的采购、施工、调试均须按照最初的DGNB培训内容执行，全过程把控。

在场地质量控制中，DGNB分别从本地环境、公众印象和社会影响、公共交通可达性、便利设施可达性等几个方面来衡量。这几个方面不直接参与评分，但是如能满足这些要求，会给上述的质量控制中的相关规定带来得分。

在申请DGNB各等级（铂金、金、银）认证时，DGNB要求总性能不能分别低于80分、65分、50分，同时要求每组的最低性能指数不得低于65分、50分、35分，这两条缺一不可。DGNB在这共40条规定中，还有三条具有"一票否决权"的规定，分别是室内空气质量、无障碍设施、防火，这三条规定的得分必须满足DGNB的最低要求。

DGNB与世界上其他国际认证体系相比（如LEED与BREEAM），是唯一强调经济可持续的体系。最根本的表现可以在计算LCC时体现，同时也在制订整个系统方案时体现出这一点。例如，DGNB的很多技术参数都不是固定不变的值，它会制定出限定值、参考值及目标值三个不同等级参数，限定值就是满足相应的DIN标准或ISO标准，在此基础上更优的参数为参考值与目标值。DGNB是一个系统，并不是一个规范，并不要求每个规定都必须达到目标值。项目认证时，业主可以按照自己的需求，在满足认证等级要求得分的前提下，可以牺牲部分需要花费大量费用才可达到目标值的要求。例如，受项目投资的限制，业主可以退而求其次，在满足限定值的基础上，丢掉一些分，而在一些投入较少的条件上，尽量达到目标值，从而最终能完成项目欲达到的评级要求。通过评DGNB而带来的建造增量成本不大于4%（LEED约7%），带来的设计增量成本不大于0.5%。

DGNB可给投资者带来非常大的好处，如透明而独立的质量标签、具有国际竞争力和适应性、从起始阶段就对项目规划进行了安全保证，同时对项目各项指标进行清晰的定义、风险最小化、满足日益增长的市场需求、提供日益增长的市场需求、提供企业社会责任报告、具有前瞻性的建筑理念。

同时，DGNB带给业主和用户的好处也同样客观，如更低的成本运行费用、更高的用户满意度、更强的员工生产力，可以将建筑和设备整合运用到市场营销策略中，提供企业社会责任报告，提高协作管理的自愿参与度。

5.1.1.2 德国企业中心建筑技术应用

德国企业中心位于山东省青岛市中德生态园太白山路19号，总占地面积28314平方米，总建筑面积约75000平方米。工程投资约6.65亿元，结构类型为现浇钢筋混凝土框架剪力墙结构。开发与建设周期为：2013.11.15~2015.08.29。本项目分为北区和南区两个子项。南区总建筑面积21851.46平方米，其中地上建筑面积16432.28平方米，地下建筑面积5419.18平方米，建筑功能：商务办公和餐厅等功能。北区总建筑面积53533.11平方米，其中地上建筑面积39840.37平方米，地下建筑面积13692.74平方米。

具体应用：

（1）节地与室外环境。

项目选址：本项目属于商务用地，属成岩地区，以断裂结构为主，无活动性，符合开发区总体规划。

室外环境（声、光、热）：根据声环境检测报告，室外场地满足《声环境质量标准》GB3096-2008中的1类声环境要求。室外场地控制夜景照明，不对周边产生光污染。通过增加植草砖，不仅增加了透水面积，而且减少了场地热岛效应。

出入口与公共交通：项目实现"人车分流"，在南侧团结路段设有区外公交站点且规划了地铁站点；西侧太白山路设有两处区内公交站点（公交3号线和园区公交2线），南侧团结路段设有轨道交通站点。

景观绿化：景观风貌充分体现了自然与城市的关系，人工环境融入自然生态环境，景观面积约3.7万平方米。

透水地面：通过加大绿地率、增加吸水透水地面等措施增加项目透水地面面积，室外透水地面面积比为40.4%。

地下空间利用：地下空间主要功能为：设备用房、汽车库、员工餐厅、厨房等。

（2）节能与能源利用。

围护结构节能设计：屋面保温采用115mm厚酚醛树脂保温层，传热系数：$0.21W/m^2 \cdot K$，外墙保温采用30厚STP超薄真空绝热板，传热系数：$0.27W/m^2 \cdot K$，幕墙设计选用：6+16A+6+16A+6三玻两中空low-E玻璃，传热系数：$1.3W/m^2 \cdot K$。

高效能设备和系统：采用高效能风机、制冷机组等设备，输送水泵采用变频控制。

智能照明：所有办公区域采用DALI调光系统，通过模拟选择节能的LED光源，通过光感器和红外热感应自然光强度和附近区域人员活动以调节灯具功率。

能量回收系统：本项目排风热回收可处理新风量$91800m^3/h$，热回收效率为60%。使用热回收新风机组后，夏季节约空调运行耗电量为41832kWh；冬季回收热量为550299GJ。每年可节省运行费16.4万元，投资回收期为3.4年。

可再生能源：项目采用了地源热泵系统，供冷量为756261MJ/a，供热量为560231MJ/a；太阳能提供生活热水，日供水量为$24m^3$。光伏发电板年发电量为5万千瓦时。

（3）节水与水资源利用。

水系统规划：根据青岛当地水资源及气候特征，对项目进行给水、排水及非传统水源规划。

节水措施：室内卫生器具采用节水器具，采取有效措施避免管网漏损。室外绿化灌溉方式为滴灌。

非传统水源利用：项目自建中水处理机房。日处理项目内产生的生活污水200t，用作酒店马桶冲厕、绿化灌溉、地面浇洒、车库冲洗。非传统水源利用率为41.2%。

绿化节水灌溉：绿化采用滴灌灌溉系统，滴灌绿地内管道采用PE给水管道，支管末端安装手动阀门。

雨水：屋面雨水采用87型雨水斗收集，雨水斗设于屋面。管道系统设置在室内，排至室外散水面。室外地面雨水经雨水口和雨水管汇集后部分排入城市雨水管道，部分排入中间水体，并在中间水体设取水井和潜水泵，按年收集雨水量泵入中水处理设施的原水池入水口。

（4）节材与材料资源利用。

建筑结构体系设计：项目采用框架—剪力墙结构体系，无大量装饰性构件。主体结构全部采用高性能钢筋和高强度混凝土，大大节约建筑材料。钢混主体结构HRB400级（或以上）钢筋作为主筋的用量为9897.28吨，作为主筋的比例为100%；混凝土承重结构中采用强度等级在C50（或以上）混凝土用量为11033.38立方米，占承重结构中混凝土总量的比例为100%。

拌混凝土和预拌砂浆的使用：项目施工过程中全部使用预拌混凝土和预拌砂浆，降低对环境的污染，青岛地区属于强制使用预拌砂浆地区。

土建装修一体化设计施工：项目室内装修与土建、结构等进行一体化设计，在装修时不破坏和拆除已有建筑构件，避免了材料装修的浪费。

室内灵活隔断的使用：项目室内办公区域采用大开间设计，可变换功能的室内空间采用灵活隔断的比例达到80.9%。

（5）室内环境质量。

日照：建筑的布局及尺度充分考虑对周边建筑及环境的影响，不存在对周边住宅建筑的日照影响。

采光：项目布局进深较小且开窗面积大，这些措施使更多自然光引入室内，改善室内采光效果。同时，项目通过设置大面积的下层广场、光导管将自然光引入地下，改善地下采光环境。

噪声：砌块墙体两侧均设10cm厚轻钢龙骨石膏板面层，内塞隔音玻璃棉，酒店隔墙的隔声量为58dB。

通风：建筑主要以南北朝向为主，在北向外门均采用双层感应门，防止冬季冷风入侵。夏冬季节，采用新风处理机给建筑物机械送风。在过渡季平均风速条件下，采用自然通风，室内主要功能空间整体换气次数均在2.5次/h以上。严控室内TVOC含量不高于500μg/m³，甲醛含量不高于60μg/m³。

室温控制：空调系统根据房间的使用功能和空间整体布局，采用合理分区，在大堂等区域设有全空气空调系统、办公会议区域采用风机盘管加新风系统。风机盘管设三速开关，方便灵活调节，每层环路回水管设静态平衡阀，每台风机盘管前设置开关式电动两通阀，且由室温控制器控制回水管上的开关式电动两通阀。

5.1.1.3 亚洲首座德国DGNB标准铂金奖

德国企业中心项目以德国DGNB可持续建筑认证体系为指导，通过先进的节能技术、环保的建筑材料以及优化的运营策略，已于2016年10月通过了德国DGNB可持续建筑认证委员会颁发的最高铂金级认证，成为中德成功合作的典范。同时德国企业中心项目也是亚洲体量最大的DGNB铂金奖认证，亚洲第一个DGNB铂金奖认证的综合体建筑。

作为一个具有全球性参考价值的认证体系，此项目不仅是中国可持续建筑发展的标杆，即使参照德国，其项目全生命周期的碳排放量也仅为德国建筑行业参考值的77%，总一次能源消耗量为参考值的72%。多种节能设备如热电联产、光伏、光热及地源热泵的使用，使项目中有高达7.9%的一次能源来自可再生能源。另外，项目中超过90%的木材使用了经过FSC认证的产品，体现了业主对环境负责任的态度。

5.1.2 被动房示范与推广

（1）被动房的起源与发展现状。

被动房建筑的概念是在德国20世纪80年代低能耗建筑的基础上建立起来的。1991年，德国物理学家菲斯特教授在德国的达姆施塔特（Darmstadt）建成了第一座被动房建筑，在建成至今的20多年里，一直按照设计的要求正常运行，取得了很好的效果。

随着应用气候范围的逐渐扩大，截至2013年全世界已有5万多栋被动房。2010年5月，欧盟颁布了一项关于建筑节能的指令，该指令明确规定从2020年开始，欧盟境内所有的新建建筑都必须达到被动式住房的标准。随着被动房理念的不断推广，欧洲以外的国家，如美国、韩国等，也逐步踏入这一研究领域。由世博会引入的德国"汉堡之家"是中国第一座经过认证的被动房建筑。

（2）被动房的价值与意义。

被动式建筑作为一种集高舒适度、低能耗、经济性于一体的节能建筑形式，代表了一种健康、舒适、低能耗的生活方式和建筑标准，并已被国际社会广泛认可和采用。被动式建筑"低能耗、低排放、高舒适度"的特点，对于解决我国建筑行业能耗高、碳排放大等问题意义重大。

被动房的优点包括：

更舒适，更低能耗：在实际运用中，被动式房屋依靠高效的供暖系统和新风系统以确保达到最小能耗的目标，兼顾室内空气质量维持在较高水平，保证室温恒定。通常情况下几乎用不到空调，只有偶尔在极端条件下才会用到。

高效节能：一栋被动式房屋每年每平方米的采暖不超过1.5公升石油或者1.5m³天然气（15kWh），比传统建筑节省了90%的能源消耗。

可持续性：被动式房屋有助于减少天然气和石油等资源的消耗。它还能利用风能和太阳能等可再生能源：在建筑外表面上安装可再生能源装置就能经济可行的满足剩余的能源需求。无论有没有利用可再生能源，被动式房屋高效的节能特性都彻底减少了CO_2的排放量。因此对气候保护也有重要贡献。

耐久性：卓越的保温性能、无热桥设计及密闭的围护结构是被动式房屋节能的三大要素，成就了其良好的建筑物理特性，同样这也就造就了被动式房屋固有的另一特性：长寿命。被动房建筑的墙体得到很好的保护，不再出现室内潮湿阴冷、四壁发霉的现象，能够延长房屋的使用寿命。

经济可行性：被动式建筑是高质量建筑，需要精心规划设计并运用性能优良的建筑组件，因此，投资成本也会稍高。然而，在后续使用中，被动式房屋的优势尽显：极低的能耗费用使它比周围的传统建筑更加经济。

专栏 5-1 被动房技术中心案例及技术应用

2014 年 7 月 7 日，在中德两国总理的见证下，中德生态园同德国被动房设计大师荣恩教授签署了合作备忘录，标志着中德生态园被动房项目的发展进入了快车道。

此外，生态园积极接洽德国被动式建筑权威机构，同德国被动房研究所（PHI）、荣恩设计师事务所等签订了合作意向书，并于 2014 年 8 月 7 日于生态园举行了德国被动房研究所与荣恩建筑师事务所青岛联合办公室揭牌仪式。

1. 项目情况介绍。

被动房技术中心项目总用地面积 4843m²，总建筑面积 13768.6m²，容积率 ≤ 1.7，建筑密度 ≤ 35%，绿地率 ≥ 30%，功能主要包括会议、展厅、办公及部分体验式公寓等。项目获得由德国被动房研究院（PHI）颁发的被动房认证，并同时达到国内绿建三星认证，成为亚洲体量最大、世界功能最复杂的通过德国 PHI 权威认证的单体被动式建筑。根据模拟结果，项目每年可节约一次能耗 130 万 kWh，节约运行费用 55 万元；减少碳排放 664 吨，与现行国家节能设计标准相比，节能达 92% 以上。

2. 中德生态园被动式建筑项目技术应用。

依托示范项目建设的同时，园区积极开展被动房技术的本土化总结和研发，现已形成可推广应用的被动房技术节点体系，并同步开展被动房相关配件及设备研发工作。目前项目已申报实用新型专利 3 项，拟申请 3 项。

被动房保温技术

项目主要采用了泡沫玻璃、酚醛树脂板、岩棉、挤塑板、STP 真空隔热板等保温材料；解决了大厚度、高层高、小拼缝保温的施工、高标准防水透气膜等技术难点，实现了岩棉和水泥纤维板、卷材防水和防水透气膜的结合使用；以示范项目为基础，促进了诸如泡沫玻璃生产和检测、防水透气膜的使用、30cm 空气隔热岩棉铆钉的国产化等产业发展。

透明围护结构（门窗）

本项目外门窗及幕墙气密性等级不低于 8 级、水密性等级不低于 6 级、抗风压性能等级不低于 9 级；外门窗、幕墙传热系数 U 值为 0.8W/m² K（目前绿建标准一般为 2.0~2.5）；采用多种技术组合实现标准要求，使用了三玻两腔中空玻璃、真空玻璃、中夹遮阳玻璃等多种新技术；以项目为依托，与幕墙厂家共同攻克气密门技术难点，首次实现了在国内生产被动房气密门；同时，协助新区当地一家门窗企业在被动房铝合金窗技术上取得突破，获得了 PHI 权威认证。

被动房断桥隔热技术

项目主要采用了隔断阳台板、无热桥穿墙套管、PUR 保温压条、PUR 垫片、采用小 "L" 形的幕墙和保温托架等断桥隔热技术；通过中德设计团队的现场施工培训和理论研讨，结合项目特点提出具体可行的解决方案。

被动式气密性施工工艺

在非透明维护结构工程做法中有整体气密层，尤其在门窗都口部位进行了防水透气膜的加强处理；外保温表面也设有防水透气膜；多次组织开展被动房气密性理论及现场施工培训，提高建筑产业工人业务素质及专业技能，推动精细化施工；严格按照德国被动式建筑标准进行设计、施工，确保了外围护结构在气密性方面的良好处理，项目主楼在室内外正负压差 50Pa 的条件下，建筑平均每小时的换气次数仅为 0.3，小餐厅顺利实现了 N50=0.48h−1 的气密性测试结果，远远优于 N50 ≤ 0.6h−1 的国际标准。

被动式新风系统

项目采用转轮和板式热交换器两级热回收技术，实现除湿再生能耗的节约，热回收效率达 80% 以上，并首次卫生间排风热量回收，实现夏季、冬季及过渡季节不同工况切换；针对集中式新风机组已获得实用新型专利两项，并已在被动房技术中心项目中使用其中一项。

其他智能科技领域

搭建国内首个基于 BIM 的被动式建筑能耗管理平台，实时、准确采集被动房技术中心项目能耗及环境数据，通过对相关数据的整理分析，定时发布被动房能耗报告；采用全自动外遮阳系统，首次实现了室外和室内环境对遮阳系统的联动控制，即改善了室内采光效果，也极大地降低了太阳辐射对空调能耗的影响。

（3）被动式建筑领域科技研究。

2014年被动房技术中心项目承担青岛市、黄岛区科技局关于"被动式建筑关键技术研究及应用示范""被动式超低能耗绿色建筑关键技术集成及应用示范"两项重大被动房技术领域研究。

在园区被动式建筑实践、研发的基础上，已完成并发布：《被动式超低能耗绿色建筑（居住部分）技术导则》，已于2015年10月由国家住建部正式颁布实施；已完成待发布：山东省被动式超低能耗居住建筑节能设计标准，将于近期发布；正在编写：积极参编《近零能耗建筑技术标准》的国家标准、青岛市被动式超低能耗绿色建筑技术细则；正在申请：《山东省被动式超低能耗绿色建筑技术导则（公共建筑）》；积极申报国家"十三五"课题《近零能耗建筑技术体系及关键技术开发》。

领域专业书籍编写：在总结国内外被动式建筑成果的基础上，编写完成未来建筑丛书系列之《走进被动房——被动房概述与案例》一书，并于2016年6月正式对外发行。

2015年11月项目申报国家住建部及山东省住建厅被动式超低能耗绿色建筑科技示范课题，目前已获省住建厅批准，并向国家住建部推荐；此外，被动房技术中心项目还获2016年黄岛区机关优秀成果立项。

（4）引领亚洲被动房发展。

为进一步扩大在被动式超低能耗绿色建筑领域影响力，由青岛中德生态园发起成立了亚洲被动房联盟。

9月22~23日于青岛中德生态园被动房技术中心举办第一届亚洲被动房大会。被动房创始人菲斯特教授和被动房设计大师荣恩教授及其他德国、意大利、芬兰、日本、韩国被动房联盟代表等近20名外籍专家学者将参加此次大会。此次大会以"被动房屋、主动亚洲"为主题，发布了被动房联盟青岛宣言，进一步推广被动式节能绿色建筑，促进亚洲国家和地区在这一领域的交流合作。

2017年8月24~26日，第二届亚洲被动房大会在日本东京举行，中德生态园作为发起单位致辞并进行了主旨演讲。

2018年第三届亚洲被动房大会在韩国召开，生态园再次作为特邀嘉宾进行致辞及演讲，延续了生态园在亚洲的引领地位。

2019年，第四届亚洲被动房大会重回中国。中德生态园作为主办单位，来自中国、日本、韩国、德国和奥地利等5个国家190余名被动房专家及企业代表参加会议。亚洲被动房大会由中德联合集团和青岛被动屋工程技术有限公司发起，在中国、日本、韩国三国中轮流举办。经过前四届大会的技术交流，各国均对应该针对亚洲气候特点和建筑形式，研究亚洲特点的能耗控制目标与技术路线达成共识。

5.2 可持续基础设施转型

通过全面推进规划实施，并强化关键领域创新技术的应用，中德生态园力争引领国内园区的低碳发展，体现中德两国合作的示范意义（见图5-1）。

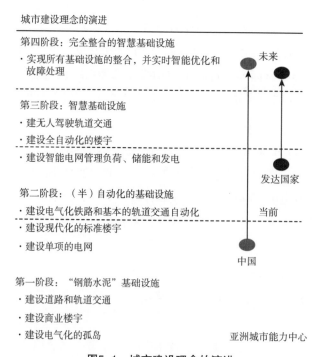

图5-1 城市建设理念的演进

资料来源：亚洲城市能力中心。

5.2.1 能源转型

（1）分布式能源与泛能网。

泛能网概念及特点。青岛中德生态园泛能网是以新奥系统能效理论为基础，采用"1拖N"泛能站的供能方式，广泛应用并系统整合天然气分布式能源和太阳能、风能、浅层地热能、生物质能等多种可再生能源，融合智能化控制和云计算技术，形成可再生能源优先、化石能源支持，因地制宜的多元能源结构；以分布式为主、集中式为辅，相互协同的可靠供应模式；供需互动、有序配置、节约高效的平衡用能方式，构建"基础能源网、传感控制网、智慧互联网"三层网络为一体的，安全稳定、经济高效、智能低碳、可持续发展的现代能源体系。

泛能网与传统能源系统相比，充分考虑当地自然资源、可再生能源及周边余热资源的综合利用，以及与国家电网、市政燃气、市政热力等主干网络之间的智能化调度，将信息网、能量网和物质网耦合成智能协同网，通过气、电、热等能源的梯级利用和智能协同，呈现出能源清洁生产、供需互动、互补调峰、高效利用、节能减排的园区能源利用新模式，实现"资源、能源、环境、智能"四位协同。

中德生态园泛能网建成后，清洁能源利用率将达到80.6%，可再生能源利用率超过15%，90%的能源网络实现智能化监测，综合节能率达到50.7%以上，每年可节约标准煤约15万吨，碳减排率达到64.6%，SO_2减排率为86.1%，NOx减排率为70.8%，粉尘减排率为81.5%，园区万元GDP能耗可降低至0.23tce/万元，能源生产和利用清洁化水平达到世界前列。

（2）中德生态园能耗和碳排放对比。

中德生态园泛能网的实施，将开创城市集中式与分布式能源供应相结合、传统化石能源与可再生能源循环利用、能源结构优化与产业结构调整相互促进的"中德生态园模式"，有效改善生态环境，实现产能和用能模式的革新，优化产业结构，带动分布式能源、智能电网、新型节能装备等相关产业发展，拉动绿色GDP增长，打造全国第一个综合解决能源和环境问题、可自我进化和复制的"泛能网"示范园区，实现人与自然和谐共生。

能源规划，主要应用泛能网系统理念，将能源网、物质网和互联网耦合成同一网络的智能协同网。有机融合智能微网和多种类、多品位分布式供能系统，将各种能源形式高效转换为冷、热、电等不同种类和品位的能量，充分利用分布式与集中式供能互补，形成一个高能效、低排放的能源全生命周期管理和优化的现代能源体系（见图5-2和图5-3）。

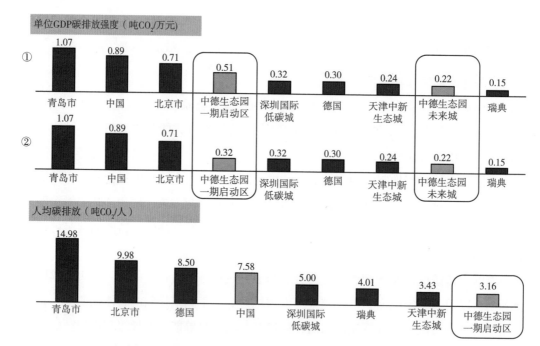

图5-2 中德生态园单位GDP碳排放强度和人均碳排放与国内外低碳地区的比较

图5-3 中德生态园泛能站空间位置

5.2.2 绿色交通

5.2.2.1 便捷交通网络

构建对外衔接便捷、绿色交通主导、组团特色鲜明的园区交通体系，支撑低碳、智慧、宜居、活力的示范性生态园区发展。推行以"枢纽+公交+慢行"为主导通行链的交通发展模式。依托轨道交通，强化公交体系与慢行系统的有机衔接，合理引导小汽车及货运交通（见图5-4）。青连铁路、胶黄铁路，青兰高速（G22）、沈海高速（G15）、胶州湾高速（S7601）、疏港高速（S7602），轨道交通6号线、12号线、2号线等贯穿或经过园区。园区商住组团按照"窄路密网"的原则进行规划建设，路网密度达到10.5 km/km²。建设微公交

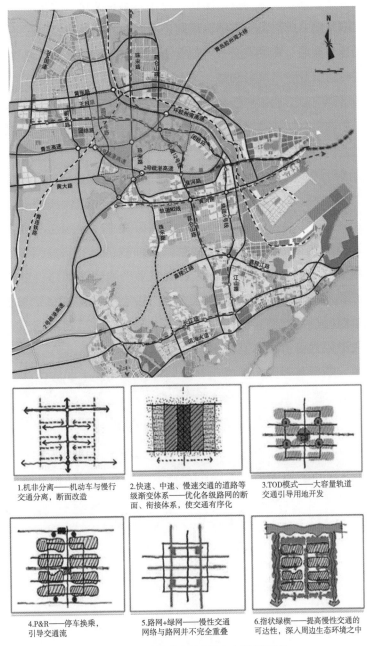

1.机非分离——机动车与慢行交通分离，断面改造

2.快速、中速、慢速交通的道路等级渐变体系——优化各级路网的断面、衔接体系，使交通有序化

3.TOD模式——大容量轨道交通引导用地开发

4.P&R——停车换乘，引导交通流

5.路网+绿网——慢性交通网络与路网并不完全重叠

6.指状绿楔——提高慢性交通的可达性，深入周边生态环境之中

图5-4　中德生态园及周边交通示意图

体系，公交站点步行5分钟可达性100%，新能源公交车比例100%，实现各种交通形式之间实现无缝衔接。同时建立多层次、立体化慢行交通系统，充分利用自行车出行。倡导绿色出行方式，最大限度地降低交通系统能耗，确立公共交通在机动化出行中的主导地位。

加强园区对外快速道路的规划衔接，增强与东岸城区、北岸城区、空港及西海岸新区其他组团的快捷联系。增设珠宋路与青兰高速收费立交节点，确定昆仑山路与2号疏港高速立交节点规划方案，强化园区与胶南组团、灵山湾影视文化区的交通联络。结合轨道交通建设，采用TOD开发模式，建立科学合理的道路网络。构建绿色交通指标体系，系统评价园区道路网、绿色交通、车辆碳排放等指标关系，将道路断面、道路等级渐变、TOD模式、路网+绿网、指状绿楔等特色交通理念落实好。

合理组织园区内货运交通，加强与茂山路、红柳河路等疏港通道衔接，充分发挥海港对园区产业的服务功能。加强对交通通道、通行时间的管制，减少货运交通对园区交通、环境等的影响。

加强轨道交通6号线站点与沿线地块及地下空间的衔接，优化12号线与6号线枢纽站点设置，形成立体化换乘枢纽，配备公交、自行车等绿色交通衔接设施。

开行骨干公交线路，通过公交快线K3、公交26路，加强与东岸主城区、西海岸新区东部城区的公交联络，同时做好园区公交接驳服务。

通达交通网络

● 通过环胶州湾高速、双积公路、204国道实现与北岸城区联系，30分钟内可达胶东国际机场（2019年建成），如图5-5所示；

图5-5 环胶州湾交通网络示意图

● 通过青岛胶州湾大桥、青岛胶州湾隧道实现与东岸城区联系，50分钟内可达流亭国际机场、青岛火车站、青岛火车北站；

● 通过昆仑山路、团结路、江山路、疏港高速、珠宋路等实现与西海岸新区主城区联系，20分钟可达西海岸主要政务、商业、旅游区。

快捷的交通方式

● 结合轨道交通节点规划复合换乘中心，不断完善交通体系，提高对外交通便捷性。轨道交通6号线，联系青岛西站和王台，与12号线在园区内相交，设置换乘枢纽。轨道交通12号线，西海岸新区到北岸城区的重要联络线，在园区内与6号线相交。轨道交通2号线，联系东岸城区，终点位于灵珠山（见图5-6）。

● 园区公交全覆盖，解决中德生态园园区"最后一公里"出行难题，确保公交站点步行5分钟可达性为100%。

● 园区开通2条微公交线路，实现外部交通与内部换乘无缝衔接，实现功能区、生活区与大运量公交线路的有效衔接，提升乘客的公共交通便捷度（见图5-7）。

● 园区各类停车场（库）均按≥20%的比例预留充电设施。积极引入国家电网青岛供电公司、青岛特来电新能源有限公司等社会资金建设共享充电设施、共享电动汽车。

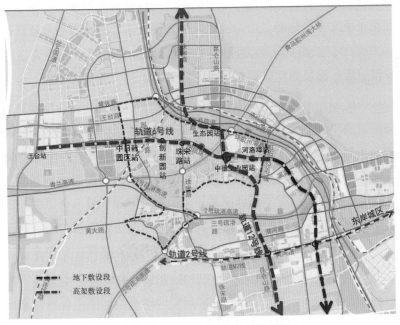

图5-6　中德生态园轨道交通示意图

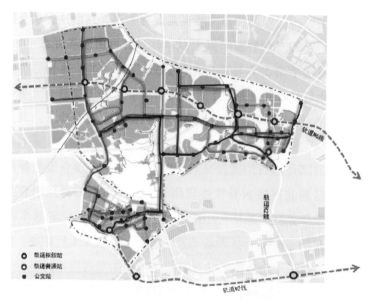

图5-7 中德生态园公共交通体系规划

5.2.2.2 绿色舒适的慢行交通系统

所谓"慢行交通系统"是指承载慢行交通的载体，主要指包括城市步行、自行车交通系统及相关配套的附属设施的总称，同时还包含慢行交通与公共交通、快速交通、轨道交通等其他交通方式的接驳、连接等。

中德生态园认识到：慢行交通属于支持城市可持续发展的低碳、绿色交通方式，在节能减排中扮演着重要角色，同时，在很大程度上疏解城市交通压力，促进城市交通的可持续发展。此外，慢行交通还能够引导居民更好地融于城市环境，增进市民和谐交流，强身健体，提高全民综合素质。

为方便园区居民绿色出行，中德生态园重点打造安全舒适的慢行交通环境。具体措施包括：合理分配道路空间资源，同步优化完善慢行交通环境，并确保其安全性与舒适性；结合滨水绿地、山体公园，设置景观休闲慢行道及城市绿道体系，提升公共开放空间品质；根据服务半径内的建筑量、建筑性质和自行车使用情况，综合规划两级自行车联网租赁系统，促进园区绿色生态与居民健康水平的提高。

（1）中德生态园慢行交通系统优化建设。

从宏观角度分析，慢行交通系统需要政府及规划设计部门高度重视。中德生态园已制定相关的政策，明确慢行交通的发展要求，推动慢行系统的快速建设。纠正慢行者在交通中处于弱势地位的现象，确立路权的公平性。同时，依靠政策的引导和支持，鼓励居民选择慢行交通，保障慢行系统的推广和应用。实事求是地对城市整个慢行系统进行合理科学的统筹规划，构建和完善城市慢行系统建设的标准和原则；构建和完善慢行交通与其他交通系统的换乘系统；构建和完善与城市土地利用相协调的慢行交通专用道；

构建和完善公共自行车交通系统，优化整合慢行交通网络；构建和完善慢行交通管理体制和公共政策。

从微观角度分析，慢行交通系统需要人性化的设计与管理，中德生态园建立"人的城"慢行交通设计与管理理念，以人为本，采取精细化设计，打造有品质的城市慢行交通环境。通过借鉴国外慢行交通系统的成功经验，总结出以下几点人性化设计方案。

①道路断面的系统化设置。根据道路两侧用地性质及交通通行需求，对道路断面采取系统化设计，合理制订慢行系统和车行道间的路权分配，其中，城市绿地、公园景区、生活区范围内的道路要重点考虑慢行系统设计，放宽红线限制；小区道路考虑人车分流，营造优越的慢行环境。

②慢行系统的差异化设置。为保障安全的通行环境，通常将慢行系统与车行道分离设置，采用行道树、栏杆或高起的缘石隔离；非机动车道与车行道共板设置时，采用不同的铺装、醒目的彩色路面或标线进行区分；非机动车道与人行道共板设置时，采用不同的铺装或划线、绿化带、平石等进行分离。

③交通标识、信号灯系统的系统化设置。人、车空间分离采用大量的标识使慢行者和机动车、行人与自行车各行其道。行人和自行车在道路交叉口处，通过标线进行渠化设置。路口、路段、重要节点以及停车场、换乘站均设置标志牌，引导慢行交通通行。交叉口普遍设置触摸式信号灯。自行交通可独立设置信号，通过信号配时的合理设置，降低安全隐患。

④便捷的自行车停放条件。慢行通道沿线根据实际需求设置多处自行车停放点，设备齐全，安全便利。

⑤无障碍设置的规范化。在人行道和自行车道设置的道路交叉口处，通常，人行道和自行车道均沿斑马线穿行，无障碍基本采用一体化设计，提高通行的便利性。局部交叉口无障碍形式根据交叉口情况灵活处理。

⑥换乘系统的优化配置，创建便利的接驳条件。优化慢行交通系统与公共交通、轨道交通的接驳条件，建立完善的换乘系统，通畅地聚集和疏散人流和车流，使整个城市交通系统效率最大化。考虑慢行节点、慢行交通停车场与公交、轨道交通枢纽站结合设置，统筹考虑，提高交通出行的便利性，缩减出行时间，吸引更多居民选择慢行交通出行，形成良性的交通发展趋势。其他附属服务设施的人性化设置，如休憩的座椅、垃圾桶、怡人的景观等，作为完善慢行交通的重要组成部分。

⑦素质与制度的制约。严格遵从交通规则在德国已形成了一种习惯，中德生态园认识到：意识的提高是保障慢行交通系统快速发展的重要因素，提倡马路上行人、自行车、机动车、公交车各行其道，互不干扰又相互礼让。

⑧中德生态园慢行交通系统的构建。中德生态园全区考虑慢行交通系统的设置，对慢行交通进行了系统化和差异化研究设计，包括人行道、非机动车道、自行车锁车器、驿站、自行车联网租赁系统以及换乘系统等。

目前，生态园环五号路、环六号路、7号线、9号线、38号线等多条道路以及山王河湿地公园均已施工完成，形成慢行交通系统。

（2）方案设计。

①对规划道路断面的优化设计。

充分贯彻落实园区慢行系统的规划理念，对园区慢行交通统筹研究，进行系统化差异化设计，合理分配路权，以人为本，建设绿色安全的慢行通道。

示例：生态园9号线为中德生态园商务居住区内一条城市支路，道路全长241m，红线宽度18m，两侧均规划为居住用地，道路的建设主要服务于两侧地块的交通出行。规划道路断面为：3.75m（人非共板）+1.5m（绿篱）+7.5m（车行道）+1.5m（绿篱）+3.75m（人非共板）=18m（红线）。

考虑道路两侧主要分布为居住用地，对慢行交通需求较大，同时考虑园区自行交通的连续性，道路断面调整为：1.75m（人行道）+2.5m（绿篱）+2.0m（自行车道）+7.5m（车行道）+2.5m（绿篱）+1.75m（人行道）=18m（红线）。

②慢行系统的多样化建设形式。

通过设置隔离设施，实现"人车、人非"的有效分离，园区慢行系统隔离设施主要分为硬隔离和软隔离两类。

硬隔离：主要包含通巢绿篱、道钉、马牙石、行道树以及高差的设置。

软隔离：主要包含标线、平石、鹅卵石等。

③慢行通道的铺装。

中德生态园道路铺装均采用绿色铺装材料，在保障交通功能的同时，具备透水功能。目前，园区已实施道路，人行道均采用透水砖铺装；自行车道采用透水地坪、透水沥青等路面。

④交通设施及信号系统的设置。

交叉口处同时设置斑马线和自行车通道，保障行人与自行车安全通行；设置区位索引牌和人行系统指示牌。行人和自行车通过一个信号进行统一控制。

⑤交叉口设计。

交叉口处道路无障碍采用全款式单面坡设置，保障慢行交通在道路交叉口处的无障碍通行；交叉口范围内无障碍两侧设置栏杆，保障行人和自行车的通行安全。

⑥其他附属设施设计。

路段范围内设置自行车租赁点、自行车锁车器、休憩座椅、烟蒂收集器等公共设施，为慢行交通提供优越的通行条件。

　　在中德生态园建设中，将继续研究、落实更生态、更智慧、更有效率的慢行系统，如慢行系统与其他交通系统的接驳衔接、异形交叉口处慢行交通的灵活处理、不同形式慢行系统的连贯性协调设置、慢行系统与地块的衔接以及后续慢行交通的运营管理等，统筹分析、全面考虑，打造一个优质的慢行交通系统（见图5-8）。

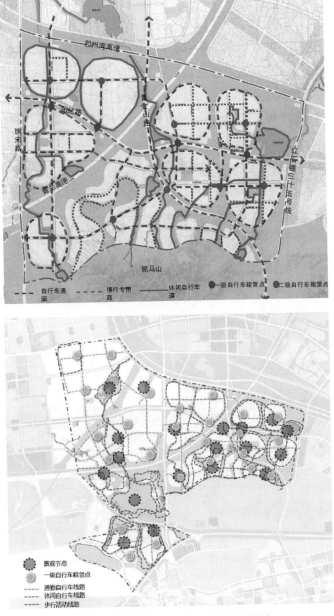

图5-8　中德生态园慢行交通体系规划

5.2.3　水资源可持续管理与开发

5.2.3.1　湿地修复与保护

实施河道生态防护，自然净化水质。依托流经园区的山王河打造11.6万平方米的生态湿地工程，建设一座集生态湿地、休闲健身、自然野趣、科普教育等多功能为一体的城市滨水公园。湿地工程采用雨水收集系统、低洼绿地蓄水等方法作为水源补给，并构建完整的内部水网体系，将预防洪涝、城市景观、环境改善等功能融为一体。结合地形及水流方向，在景观水系中设置14处蓄水坝体，以形成大面积水域，营造滨水景观。园区近期由三个雨水收集点和自来水作为补水措施；远期，采用中水、山王西水库及河洛埠水库蓄水，实现河、水库的联动运行。河道水库沿岸种植优质芦苇、芦竹、香蒲、苦江草等水生植物，完善水体生态系统结构（见专栏5-2）。

专栏 5-2　山王河生态湿地公园

山王河是中德生态园内一处重要的自然景观，也承载着园区村改居居民的乡愁和记忆。山王河生态湿地公园改造工程不仅是中德生态园在可持续建设领域的又一力作，更是造福一方、山乡巨变的一大见证（见图5-9~图5-13）。

山王河生态湿地公园位于中德生态园内，紧邻中德生态小学和福莱社区中央商业区，西侧与中央公园隔路相望。2015年6月生态公园开工建设，历时一年建成。公园规划面积约12万平方米，其中河道面积约1.5万平方米。

图5-9　紧邻中德生态小学的山王河生态湿地公园

因地制宜改造，延续场地记忆

山王河生态湿地公园设计建设借鉴国内外先进经验，参考了德国慕尼黑奥林匹克公园、新加坡加冷河碧山公园及哈尔滨群力湿地公园的建设方案，充分利用湿地这一现有资源，打造功能性美观性兼具的一流生态湿地公园。

图5-10　山王河平面设计图

山王河生态湿地公园设计建设充分考虑到原有的水塘、水系、涵洞及其与周边村庄、道路的关系,在综合河道基本问题的前提下,对山王河河道现状进行景观性的改造。通过对整体水位、岸线、地形、道路、植被等进行设计,形成具备生态和游憩功能的自然生态河流廊道。

河道以自然曲线的形式控制总体平面布局,通过地形整理和植物设计丰富两侧的绿色空间,结合周边环境和使用情况,在上游和中下游设置一些活动场地和服务设施,下游保持自然生长、生态湿地的模式。因地制宜、资源整合,清除了建筑垃圾,改善了水源质量,保留了涵洞及河道原貌,延续了这一场地的原有记忆。

图5-11　山王河原貌

图5-12 山王河现状

园区居民和游人在步道及桥梁上驻足观赏时看到的仍是当年那个涵洞，却不再是杂草丛生，垃圾遍布；河道仍如当年般蜿蜒流淌，却不再浑浊不堪，取而代之的是源清流洁，水清石见。

打造湿地生态水网体系，保持自然生长、生态湿地的模式。利用原有水塘进行蓄水，做好水源供给；水塘周边湿地，可以在暴雨和河流涨水期储存过量的降水，均匀地把径流放出，减弱危害下游的洪水。

植物群落多样性

流水流经湿地时，过滤营养物质、净化下游水源。湿地中的营养物质养育了鱼虾、树林、野生动物和湿地农作物。为鸟类、两栖类动物提供了良好的栖息地，从而改善生态环境。同时通过水系附近特色植物配置进行生态护坡，丰富了植物群落多样性。

园路的设计铺装遵循"循环利用，低碳环保"的原则，秉承"海绵城市"理念，主要为环路，充分结合地形、地貌等因素，不仅有效地满足交通要求并且极大的丰富了地形空间。道路建设使用透水材料，配以透水下垫面结构，使雨水快速渗入地下，在不影响道路广场的景观效果的同时，最大限度地减少地表径流，加大雨水在绿地中的储存量，通过蒸腾作用改善生态环境。

图5-13　植物群落

　　主园路采用露骨料透水地坪，其他园路和广场采用透水砖、板岩、砂岩等渗透性地面，改善硬化铺装对生态产生的影响。

　　中德生态园的景观框架就是遵循自然的脉络，在城市开发建设的同时，尽量保留基地内有价值的自然生境，使城市与自然、人工景观有机融合在一起。山王河生态湿地公园凭借可持续发展的理念，通过生态、科技的建筑手段，将昔日的漫流沟，变为今日的青翠河，将其建设成为一流的生态湿地公园、一个显著的生态地标。

5.2.3.2　海绵城市实践与探索——让土地不再缺水

探索适宜新区的海绵城市建设路径，推动水资源综合利用。其示范意义包括：

第一，推进生态文明建设的重要举措。第二，对西海岸新区绿色发展具有重要的示范引领作用。第三，对北方丘陵地区的海绵城市建设起到示范作用。第四，城镇化领域国际合作的新视角、新方式、新模式。

（1）海绵城市特点：海绵城市顾名思义就是城市像海绵一样在下雨时把雨水蓄积起来，天旱时把雨水释放出来，体现一种水循环利用的理念，达到雨洪调蓄的目的，为生态城市建设的一种技术措施。中德生态园从建园之初就确定了雨水利用的指标体系，提出园区海绵城市建设雨水利用率80%的指标，走在国家海绵城市号召的前面，在具体开发建设中着重从道路、公园、湿地三方面做文章，要求达到"会呼吸"的效果。

会呼吸的道路：园区建成道路总计22条，共计33公里，所有建成道路人行道均采用透水铺装材料，透水铺装面积达到26万平方米，其中生态园9号线，富源2号线还应用了排水降噪路面材料和穿孔钢管技术，最大限度地保证路面排水，达到"小雨不积水，大雨不内涝"的效果。

会呼吸的公园：园区建成了中德市民休闲空间、水杉林、史来泊花园、河洛埠水库公园等项目，所有的项目均采用海绵城市理念进行设计施工。广泛应用透水铺装、植草沟、滞留带、滞留塘、下沉式绿地、溢流池等技术措施，最终所有雨水通过上述技术措施截留后多余水量进入园区现有的坑塘、湿地，确保雨水利用率控制在90%以上。

会呼吸的湿地：最大限度地保留原有湿地、坑塘、河坝，并对原有湿地进行雨水利用改造美化。建成的山王河湿地公园、汉德D-zone和山龙河改造项目，被改造为园区雨水收集净化的雨水花园同时发挥了巨大的景观效应，成为园区及周边休闲娱乐的好去处。

（2）设施要素。各类用地的开发应根据不同类型功能用地、用地构成、土地利用布局、水文地质等特点因地制宜选用相应设施。

- 居住用地：年径流控制率80%，综合径流系数0.42。
- 公共管理与服务用地：年径流控制率80%，综合径流系数0.45。
- 商业用地：年径流控制率80%，综合径流系数0.50。
- 工业用地：年径流控制率65%，综合径流系数0.70。
- 停车场：综合径流系数不大于0.60。
- 道路系统（含两侧绿化带及中间隔离带）：年径流控制率70%，综合径流系数0.55。
- 绿地与广场用地：年径流控制率90%，综合径流系数0.15。

（3）海绵城市建设布局。

结合园区规划功能布局、土地指标及项目招商情况，确定中德生态园先行启动区近期（至2020年）重点建设范围主要位于一期园区20号线——昆仑山以北区域、二期内团结路以北与团结路南侧海尔地块及其以东区域，建设总面积约17平方公里，主要以产业、教育研发、商务商业及生活配套用地为主。

按照已有规划，园区将于2030年全部建成，届时除园区中不老君塔山、小珠山水库北侧北岭、牛齐山等山体外，园区其余区域全部落实海绵城市建设要求，建设面积约24平方公里，约占园区规划用地范围的80%。

5.3　智慧城市作为园区基础设施一体化的平台

打造面向未来城市的绿色、低碳、创新技术开放性和多样性的实验田，为国内其他可持续发展园区的建设提供样板。中国的城市可以在若干重要领域充分利用技术进步实现跨越式的发展，实现弯道超越（见图5-14）。

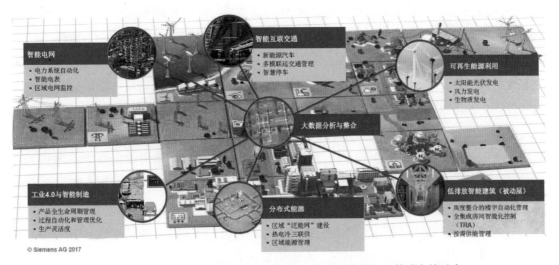

图5-14　中德生态园开展城市基础设施系统集成及其与智慧城市的融合

2013年8月，中德生态园被住建部确定为第二批国家智慧城市试点，2016年青岛市委工作要点中提到"推动中德生态园建设生态园区、智慧园区、宜居园区"。中德生态园在七个领域重点开展智慧园区创建工作，其中包括公共基础数据库、公共信息共享云平台系统、园区信息网络建设、智慧环保感知系统、智慧电网工程、智慧泛能网工程、智慧社区工程。通过建设智慧生态园区，全面推动生态园信息化建设，提高公共服务、社会管理、经济调控、市场监管等方面管理效率，为园区企业、居民提供更加便捷、高效、丰富的服务，将生态园建设成一个环境舒适优美、资源利用合理、生态产业发达、社会管理高效、幸福宜居的智慧园区。

5.3.1　智慧社区

智慧社区，是智慧城市所有系统的最终服务输出体系，在智慧城市的建设体系中处于核心地位。青岛中德生态园智慧社区通过"互联网+城镇化"的建设模式，采用节能技术和产品，满足中德生态园绿色节能的发展定位，同时在社区内建立起管理平台、民生服务平台、弱电智能化系统、三网融合通信和电视系统，让百姓体验到更多的便利和舒适。

中德生态园智慧社区项目是山东省首例通过住建部专家评审的城镇化智慧社区项目和首例交付运营项目，并已启动标准申报工作，同时根据建设经验编制印发了《中德生态园智慧社区建设规范（试行）》。

作为青岛市智慧社区试点规范项目，中德生态园智慧社区项目现已整体交付入住，开始为社区居民提供各项智慧生活方面的服务。该项目采用目前我国大力倡导的PPP混合投资模式进行运营，并提供长期网络化、市场化的运营服务。

该项目通过后端的智慧政务系统、智慧物业系统、乐聚社区系统、社区创客系统、大数据运营系统等五大核心技术作为支撑，线上以移动端APP（e生活管家）、微信、可视对讲机和电视端IPTV爱青岛为载体，线下以众e通智慧社区体验中心为前端，为用户提供衣、食、住、行、娱、乐、购一站式服务，一个链接政府、物业、商家与居民有效合作共赢的闭环生态圈雏形已现。

在中德生态园智慧社区，居民除了可以用手机、电视、可视对讲等进行生活便捷操作外，还可以通过集便民服务中心、社区创客中心、社区文化中心和社区医养中心为一体的智慧社区体验中心，享受社区通信、金融、缴费、网上办事、文化娱乐和医疗等一站式服务，真正解决居民"最后一公里"生活圈的难题。

通过智慧社区线上线下运行数据分析和挖掘，可以倾听市民呼声、发现暴露问题、关注民生热点，形成可供政府决策制定、商家运营服务的可行性参考报告，同时建立居民诚信档案。

智慧社区系统的实施，可以助力传统房产的核心竞争力从区域地段、土建装修等向智慧服务、品质提升等增值服务转型，智慧社区服务体系真正关注用户需求，其在智能建筑、绿色建筑、物联网、智慧应用等面向居民的功能定位，有效提升用户服务感知，提高房产项目价值，实现"互联网+"。

在2015年6月底住建部专家研讨会上，智慧社区建设方案被与会专家一致认为达到了"发展新技术、创建新模式、推广新机制、营造新生态"的全新目标，将成为我国"智慧社区"建设的领先示范项目。如今，这一目标已基本实现。

5.3.2　智慧城市建设

智慧城市的建设包括打造一个统一平台，设立数据中心，构建三张基础网络，通过分层建设，达到平台能力及应用的可成长、可扩充，创造面向未来的智慧城市系统框架。

建设覆盖全区的感知信息基础设施，构建宽带无线泛在融合的通信网络，打造城市公共信息平台，为中德生态园区智慧城市建设奠定坚实的基础。基础设施的建设包含网络层、感知层、平台层。

基于公共服务的智慧应用包括智慧规划、绿色建筑与建筑节能工程、地下管线综合管理信息系统、智慧就业服务工程、智慧综合交通、智能电网、智慧泛能网、智慧感知与环保、智慧社区、智慧产业等。各类服务通过公共信息平台建成后提供的接口服务和数据服务，开发相应的系统和功能模块，同时将各类业务数据发布给公共平台统一存储使用。

青岛中德"智慧生态园"服务于政府、企业、公众。青岛中德"智慧生态园"的保障体系主要包括体制机制创新、创新能力提升、对外合作深化、市场环境优化、建设模式创新、运营模式创新等方面。

5.3.3　BIM 系统应用

BIM（Building Information Modeling，BIM）技术是在计算机辅助设计（CAD）等技术基础上发展起来的多维建筑模型信息集成管理技术。通过创建并利用数字化模型，对建设工程项目的设计、建造和运行维护全过程进行管理和优化，是传统的二维设计建造方式向三维数字化设计建造方式转变的革命性技术。

中德生态园充分认识到 BIM 技术推广的重要意义，2016 年 8 月发布了《关于加快推进建筑信息模型（BIM）技术应用的意见》，明确了园区 BIM 技术应用推广工作的阶段目标、重要工作和保障措施，提高了园区项目各参建主体对 BIM 技术的认识和使用 BIM 技术的积极性。

目前园区的被动房技术中心和汉德D-Zone等项目均应用了BIM技术。通过使用BIM技术的三维数字仿真模型，实现了建筑工程的虚拟化设计、可视化决策、协同化建造、透明化管理，极大地提升了工程决策、规划、勘察、设计、施工和运营管理的水平，减少失误，缩短工期，提高工程质量和投资效益，较大限度地解决了复杂地形和异形结构施工困难的难题。2016年9月在园区成功举办了亚洲被动房大会上，各国专家对园区建筑BIM技术的成功应用进行了肯定，并一致认为BIM技术将会引领未来建筑的新潮流。

下一步，中德生态园将继续加大BIM技术推广力度，提高园区建筑产业信息化水平，推动建筑业完成从粗放式管理向精细化管理的过渡，实现从各自为战向产业协同转变，促进绿色建筑发展，推进智慧城市建设，实现建筑业转型升级（见图5-15）。

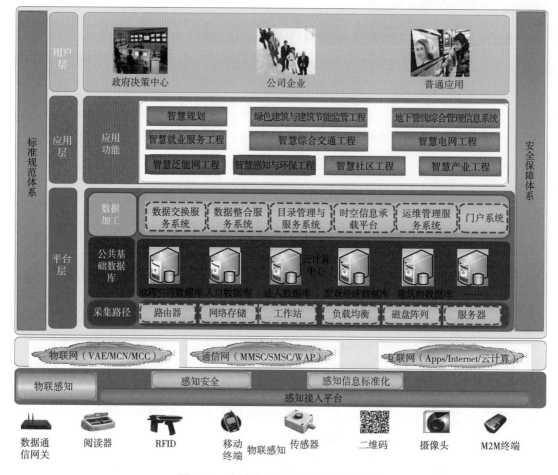

图5-15 中德生态园智慧城市系统构架

5.4 中德生态园中国首个城市发展实验室的独特探索

5.4.1 城市生活实验室的兴起

2011年，中国城市人口占比第一次超过了50%；2013年，全世界在人类历史上首次有超过一半的人口居住在城市。这种人口向城市集聚的趋势，将保持相当长的一段时间。然而，世界各地的城市都面临着包括能源消耗、大气和水污染、交通拥挤等可持续发展的挑战，需要探索和设计符合自身情况的有效解决方案和发展路径。

遗憾的是，迄今为止，世界上还没有任何一个城市可以作为未来可持续城市的范例。因此，国际社会把发展可持续城市和社区，作为联合国《2030年可持续发展议程》的第11项可持续发展目标（SDG 11）。另外，由于城市汇集各种知识、人才和资金等资源，并具有跨部门的影响与不同行动主体之间的相互作用，越来越多的人认识到城市在人类社会向可持续发展转型中所承担的无可替代的作用。

鉴于城市兼具可持续发展挑战的根源和解决方案的双重作用，在过去10年里，欧洲和北美地区的一些城市开始采用"现实世界实验室"（Real-world Laboratories，RwLs），"城市生活实验室"（Urban Living Labs，ULLs），或者城市转型实验室（Urban Transition Labs）等开放式创新方法，来探索社会经济系统向可持续发展转型的路径与方法（Voytenko et al., 2016）。

迄今为止，对现实世界实验室或者城市生活实验室，尚没有普遍接受的定义。欧洲城市化联合研究计划（Joint Programming Initiative Urban Europe）第一个系统引入和发展"城市生活实验室"的概念，并于2013年和2014年一共资助了20个城市生活实验室项目。欧洲城市化联合研究计划将其定义为"一种适用于开发新产品、系统、服务和流程的创新方式，即采用创新的工作方法，将人作为用户和知识的共同创造者融入整个开发过程中，在复杂和真实的环境中探索、研究、实验、测试和评估新想法、情景、过程、系统、概念以及创造性的解决方案"（JPI Urban Europe，2013）。

与此类似，德国巴登—符腾堡州科学、研究和艺术部自2014年起在巴州资助了14个"现实世界实验室"（德语：Reallabore）的科学与决策综合研究项目，用来迎接发展未来可持续社会的挑战（Bauer, 2018）。

综合现有的研究发现，现实世界实验室或城市生活实验室既是指在一个确定的空间区域中开展实验和创新，也是一种由科研机构、居民、企业和地方政府开展合作实验的方法。城市生活实验室还构成了一种实验性可持续城市治理模式，即城市利益相关者合作开发和测试新的技术和生活方式，来应对气候变化和城市可持续发展的挑战（Bulkeley and Castán Broto，2013）。

欧洲正在开展的城市生活实验室具有下列5个重要特征（McCormick and Hartmann，2017）：

（1）地理上的确定性。城市发展实验室通常是坐落在一个地理范围内，并不是虚拟平台。

（2）实验和学习。城市发展实验室在现实世界条件下，以非常醒目的方式测试新的技术、探索解决方案和政策。

（3）利益相关者，特别是用户的参与。利益相关者的共同设计和参与，通常体现在城市发展实验室的各个阶段。

（4）领导力和项目拥有感。城市发展实验室通常需要有一个明确的项目领导者和所有者，虽然它需要在调整方向与过程控制之间保持一个微妙的平衡。

（5）行动影响的评估。评估是城市发展实验室促进正规学习的基础。

从前面的分析可以发现，城市发展实验室所代表的开放式创新方法，具有明确的实施地域范围，并通过探索新的技术方案来解决城市当前所面临的可持续发展挑战。这种开放式创新方法与常见的规划和试点示范项目之间有着一些重要的区别。

可持续发展往往是复杂的社会系统中所面临的边界条件不完整、子系统之间相互冲突，或是随时间空间不断变化的棘手问题（wicked problem）。20世纪以来普遍采用的规划方法，对于解决可持续发展这种棘手问题，存在一些不足。第一，规划的成效在很大程度上取决于对未来变化的准确预测，但是气候变化等因素加剧了城市未来的不确定性。第二，规划的基本方法是把城市问题分成建筑、交通、能源、给排水、垃圾处理等子系统，分别开展优化和寻求解决方案，以取得整个城市的可持续发展。然而子系统之间的相互影响与冲突，大大削弱了上述规划方法的有效性。第三，公众参与规划的途径和效果十分有限，很少能在规划早期就对规划的目标定位、规划的方法等关键因素施加影响。

城市发展实验室与常见的示范和试点项目之间也存在下列主要差别。第一，城市发展实验室促进创新技术和产品的供方和需方之间的交流与合作，能在知识产生与验证过程中减少供方和需方之间的相互不理解。这样可以增进用户对所产生的可持续发展知识的信任，从而大大提高应用相应知识的概率（Matson et al., 2016）。第二，城市发展实验室是一种开放式学习过程，对于创新的结果与影响并不事先加以设定，这种方式虽然风险高，但可能产生更具深远影响的创新成果。第三，对于随着时间和空间变化的可持续性挑战，城市发展实验室不是采用"一刀切"、静态的解决方法，而是针对特定地区当前面临的可持续性挑战，由多种行动主体（包括政府、企业、科研机构、社会组织和用户）合作，来共同创造相应的易于付诸行动的知识和解决方案。

虽然针对特定问题，首先开展地方试点，在取得局部成功经验后，再向更大范围推广是中国改革开放取得巨大成就的基本做法。但迄今为止，中国城市明确采用"城市发展实验室"来推进向可持续社会转型的政策实践基本仍处于空白。本书旨在介绍我国首个也是唯一一个正式采用"城市发展实验室"的地方案例——青岛中德生态园，重点分析其发展的背景、内在动力、模式和特点，并对其进一步完善提出建议。

5.4.2 中德生态园探索"城市发展实验室"内在动力

2010年7月，在中德两国总理的见证下，中国商务部与德国经济和技术部签署了《关于共同支持建立中德生态园的谅解备忘录》，确定在青岛西海岸新区合作建立中德生态园。2011年3月中德生态园完成选址，同年12月奠基。经过两年多的规划对接，2013年7月正式启动建设，在保证资源环境品质、积极促进村民安置和产业项目落地的同时，坚持德国质量和中国速度的有机统一，引导实现生态低碳约束下的绿色发展。

青岛中德生态园作为国际合作示范园区，自建园之初就明确了"生态、智慧改善生活、开放、融合提升品质"的发展理念和"田园环境，绿色发展，美好生活"的发展愿景；并在规划建设中深入贯彻落实创新、协调、绿色、开放、共享新发展理念，与国家转型发展、新型城镇化和生态文明建设的战略部署高度契合。

在上述背景下，中德生态园于2015年自发地提出"城市发展实验室"。这是迄今为止我国第一个类似欧洲"城市生活实验室"的可持续转型创新政策实践。

与很多实施"城市生活实验室"的欧洲城市不同，中德生态园于2015年提出建设"城市发展实验室"根本上是源于内在动力和自身的特点，而不是像多数欧洲城市那样参与政府或科研机构主导的城市生活实验室的相应行动。中德生态园采取这种开放式创新模式的内在动力包括以下几点。

第一，创新是中德生态园成功建设的前提条件。中德生态园的诞生就肩负着探索未来城市可持续发展，以及在新一轮工业革命中占据新兴产业链的高端位置，并力争成为新型产城融合示范区的重任，并承载向国内外扩散、交流和复制可持续城市和工业化发展新模式的责任。正如中德生态园管委会赵士玉主任关于其实施城市发展实验室的初衷的描述："生态园区的建设是一个系统性工作，既要有在点上的实验，又要有条条或块块方面的实验，也要有条块间协调性的实验。新一代的生态园区没有既定的发展模式，需要我们去探讨、实验和验证，并通过实验探求创新生态园建设的方法与规律。"

第二，园区自建设之初起，从其命名上就被赋予建设生态园的使命。生态绿色从一开始就被作为DNA植入园区规划、建设与运营的方方面面，从发展理念、愿景目标、指标体系、规划体系均嵌入生态的种子。这不同于其他园区，通常在开发建设到一定阶段，环境问题变得十分严重，无法忽视时，再去加以纠正和修补。可以说，中德生态园在探索一条不同于中国其他开发区迄今为止所走过的"先污染、后治理"发展模式，并努力在开发区层面践行习近平总书记的"绿水青山就是金山银山"的先进发展理念。

第三，生态园管委会的独特制度设计。生态园管委会不同于一般的地方政府。人数少、部门数量少而职能十分综合，服务意识极强。鉴于中德生态园的重要意义，自筹建之初起，青岛市政府就抽调一批具有开发区建设丰富经验，对于在借鉴过去的经验教训基础上探索新型开发区，特别是生态园区的建设具有极大热诚的核心干部团队，并且逐渐聚集了相当数量的具有海外留学和工作背景的人才，加入中德生态园管委会和平台公司中来。

第四，中德生态园的定位既是创新型园区，又是宜居的城区。产城融合的初始发展定位赋予对创新技术与产品的原型测试、实地应用和就地商业化之间建立了更直接的联系。相应创新技术与产品的产业化前景促使中德生态园管委会倾向于为城市发展实验室所涉及的技术给予更多、更全面的政策与资金支持，旨在把在园区成功试验的新型技术与产品产业化，并向国内外市场扩散。例如，被动房技术以及工业4.0与智能制造均为这方面的典型案例。

第五，中德生态园承担着园区第一期规划面积11.6平方公里内的各种基础设施建设和配套条件供给，这远远超过中德生态园管委会自身的能力。因此，以多种形式广泛寻求与国内外机构开展合作是中德生态园建设的基本做法。中德生态园明确提出"城市发展实验室"建设的战略，可以有效地吸引国内外寻求在适宜的地方层面开展各类技术、政策和社会创新的机构的注意力，从而有效地引进国内外的资金和技术来园区开展合作。

5.4.3 中德生态园发展"城市发展实验室"的模式与实践

中德生态园实施城市发展实验室的模式如图5-16所示。

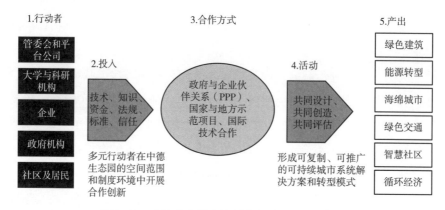

图5-16 中德生态园实施城市发展实验室的模式

中德生态园实施的城市发展实验室包含下列组成部分。

（1）行动者：城市发展实验室主要有四类行动者——政府、企业、大学和研究机构，以及社区组织与居民。

（2）投入：不同的行动者分别为城市发展实验室提供不同的投入，包括技术专长、资金。

（3）合作方式：公共部门和私人部门伙伴关系（PPP）、国家和地方政府的试点示范项目、中外国际合作项目、管委会出资并由技术研发机构主导的合作创新等。

（4）活动：城市发展实验室的主要活动类型包括共同设计、共同创造和共同评估三种。

（5）产出：中德生态园的城市发展实验室产出主要包括绿色建筑、能源转型、海绵城市、绿色交通、智慧社区和循环经济等方面。

城市发展实验室可以实施由四类行动者（政府、企业、大学和研究机构以及社区组织与居民）主导的创新项目。迄今为止，中德生态园实施的城市发展实验室项目包括政府主导、企业主导和科研机构主导的三种类型。中德生态园已经实施的城市发展实验室项目如表5-1所示。

表5-1　　　　　　　　　　　　中德生态园代表性的城市发展实验室项目

行动名称	领先和参与的行动者	合作行动	产出与结果
绿色建筑与被动房产业	中德联合公司主导，与德国被动屋研究院合作	建设示范项目，开展规模化示范，促进被动房零部件的产业化，主导和参与被动房有关技术标准的制定	中德生态园100%绿色建筑、亚洲最大的DGNB铂金奖认证、中国被动房有关标准
分布式基础设施	中德生态园管委会主导，开发商实施，用户参与	开展分布式基础设施试点示范，编制中德生态园关于分布式基础设施设计标准	建立与所在区域相适宜分布式基础设施成功示范，开始影响相应标准的制定和修订
工业4.0与智能制造	西门子、海尔等企业主导，中德生态园管委会	中德生态园作为公正的中间协调人，促进中德企业之间技术合作与转移，推进工业4.0	建立工业4.0产业联盟、建立为中小企业服务的工业4.0公共服务平台
能源可持续转型	新奥集团主导，中德生态园管委会促进有关政策交流与协调，帮助供应商与用户之间的交流	PPP合作模式，中德生态园帮助开展政策协调，通过建立合作企业来负责实施有关项目	园区实现天然气为基础，全面介入风能、太阳能和地热等可再生能源
中德未来城规划与建设	同济大学主导规划，中德生态园管委会，开发建设商参与	同济大学、清华大学等科研机构提供总体设计与技术支持、建设单位加以实施、中德生态园提供激励配套政策	取消雨水管线、取消污水管线、取消集中供热、加大可再生能源应用
发展"双元制"教育	青岛科技大学与德国柏林职业教育集团牵头，中德生态园管委会支持	青岛科技大学负责实施、中德生态园开展协调、德国合作机构提供技术专长	在校区建设采用可持续发展设计，规模化应用分布式基础设施和绿色基础设施

5.4.4　中德生态园开展城市发展实验室的特点

第一，中德生态园与绝大多数的欧洲城市发展实验室不同，属于绿地发展项目，也就是在无道路、无配套、无企业的所谓"三无地带"上开展的增量开发。在这种开发模式，不受既有规划和基础设施的限制，既可以在一片空白上绘制最美好的图画，还可以充分发掘各子系统之间的协同与优化，以取得更大的系统效率。例如，建设屋顶花园和垂直绿化来减少建成区的热岛效应，降低建筑的制冷负荷，较少建筑能耗和碳排放，还可以增强城市的海绵功能。又如通过职住平衡以及商业休闲娱乐设施合理设置等土地利用优化措施，来显著削减园区居民的出行需求，从源头有效减小园区的交通负荷。

第二，中德生态园建设是具有丰富城市化经验的德国与处在全球城市化前沿的中国之间的国际合作项目，也是一项把德国质量与中国速度有机融合的创新行动。中德生态园就是在中德两国政府的大力支持下，由中德两国的企业、科研院所和其他类型的机构合作共建的成果。同时，中德生态园承担着将德国先进理念、技术和管理模式，与中国有竞争力的制造能力和市场需求相结合，进行相应的调整和改进，形成竞争力更强、适应性更广的产品、服务和技术体系，满足巨大的中国国内市场以及其他国家第三方市场的重要担当。

中德生态园所承载的使命是突出中德合作，探索可持续、可复制、可推广的生态特色园区（见图5-17）。中德生态园所需要实现的目标包括：

（1）未来可持续城市发展实验室；

（2）新型绿色产业的孵化器；

（3）中德互利合作示范区；

（4）中德人文交流的新平台。

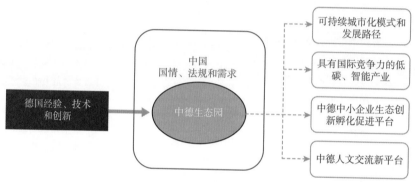

图5-17　中德生态园在技术创新和可持续城市化途径的探索和示范作用

第三，中德生态园管理委员会加上园区建设平台公司是具有中国特色又行之有效的开发区制度安排，这使中德生态园既具备了比对应的地方政府部门更高效的政策制定和协调能力，又具有由平台公司按照市场机制来直接参与一些城市发展实验室项目与行动的可行性和灵活性。

第四，中德生态园对于产城融合的初始发展定位，使园区在实施城市发展实验室项目过程中，对于创新技术和产品具有更加强烈的产业化动机，也使中德生态园更加关切其城市发展实验室行动的实际影响，并对其的产出拥有更大的推广与复制原动力。

第五，与很多城市发展实验室的做法不同，中德生态园从一开始就重视相应知识和成果的推广与复制。中德生态园从其诞生之初起，就肩负着创建可复制、可推广的可持续城市化和工业化发展新模式的使命。

中德生态园尝试采用下列机制来促进其经验与教训的复制与推广。

（1）把经过自身实践验证为成功的创新技术与产品，通过标准化来加以扩散与推广。中德生态园十分注重标准的作用，积极利用把创新技术、产品通过标准化途径来加以复制和推广。

（2）通过积极参加国家和省级有关的示范与试验平台，在积极开展同行之间的交流学习的同时，为在相应领域的知识创建和扩散做出自己的贡献。

（3）中德生态园与国内外广泛的合作伙伴加以合作。在相应的实验室活动中所取得的经验和知识，可以由其国内外合作伙伴通过各自相应的业务活动向国内外推广和扩散。

（4）中德生态园，作为一个新型园区，具有强烈地把经过市场检验的可持续发展技术、产品和商业模式，通过与合作方组建专业合资公司来加以商业化，建立相应的生产能力，来为中德生态园、青岛市以及更大区域的客户提供可持续产品与服务。

（5）通过与大学和研究机构合作，利用多种渠道开展自身开放式创新活动的经验与教训加以总结，公开发表中德生态园的案例分析和最佳实践等资讯，并通过学术和专业领域的交流活动，以及针对国家级和省级开发区的干部培训活动来加以宣传和扩散。

（6）中德生态园自建设之初起，就开始接待国内外人员的参观交流。通过这种持续、高强度的交流及其引发的后续思考，一方面有效地把中德生态园实践向众多的国内外城市加以交流和扩散；另一方面，也促进中德生态园内部对开展自身建设模式的达成共识与深刻反思。

5.4.5　对中德生态园作为城市发展实验室的改进方向

中德生态园作为我国在采纳城市发展实验室开放式创新方法的先行者，通过自身努力与摸索，取得了很多宝贵的经验与教训，在与欧洲国家类似先锋城市相比，也体现出自身的特点和效果。但是由于迄今为止中德生态园的相应行动还没有得到系统理论的指导，也没有开展相应的国际经验交流，基本限于自身朴素的探索，因而难免还存在一些尚待改进之处。

第一，目前一些创新活动依然沿用传统的示范项目模式，没有充分发挥"城市发展实验室"的特点，特别是加强有关利益相关方的参与。中德生态园分别承担了国家发展和改革委员会、住房和城乡建设部、科学技术部和工业与信息化部等机构组织的国家低碳城（镇）试点、国家绿色生态示范城区、国际创新园和中德智能制造灯塔园区等7项国家试点与示范项目。其中一些国家试点项目定期开展实施进展评估、经验交流与扩散，而也有少数试点项目缺乏有效的推进机制和实质进展。中德生态园可以把城市发展实验室的方法，结合到这些试点示范项目的实施过程，以便有效加强利益相关方的参与，促进自下而上的创新活动以及有关信息交流。

第二，逐渐从目前技术主导的城市发展实验室项目，向以技术和社会创新并重的方向转变。社会创新方法强调公众参与和共同创造可持续发展知识，因而用户在社会创新项目中发挥不可或缺的作用。迄今为止，中德生态园原住居民安置与融合是中德生态园开展的极个别社会创新行动，其他均为以技术创新为核心的城市发展实验室行动。随着更多的居民入驻园区，中德生态园还可以围绕可持续消费等新的主题推动相应的社会创新。

第三，用户在中德生态园城市发展实验室行动中的参与作用在未来行动中需要显著加强。中德生态园是一个新建的园区，居民和企业员工自2016下半年才开始陆续进入，由此可见，在其城市发展实验室建设初期，用户的参与和作用十分有限。例如，随着绿色建筑和被动房行动的不断深化，研究和调控被动房居民的使用行为对提高被动房的实际能效，进而对被动房技术的持续改进将起到越来越大的作用。

第四，中德生态园作为一个综合创新平台上，同时平行开展多个由不同的行动主体牵头的城市发展实验室项目，迫切需要一个具有较强知识管理能力的技术协调机构，把不同的ULL行动产生的知识、经验教训加以汇总、集成和扩散，同时加强不同行动之间、不同领域之间的协调。在近年的实践中，中德生态园规划建设局实际承担了上述创新知识的集成与交流使命。但是，随着城市发展实验室的活动范围从园区的规划建设向经济与社会发展领域拓展，管委会规建局将无法有效承担全方位的知识管理与扩散作用。中德生态园需要建立更有效的制度安排，用来有效积累、应用和扩散多学科、跨部门的可持续发展知识。

第五，中德生态园需要进一步加强对城市发展实验室行动的产出及其长远影响开展系统、定量的评估，以便对不同的城市发展实验室项目的投入产出效果开展可靠的评估。与欧洲城市生活实验室的经验类似，中德生态园在城市发展实验室的产出与影响评价方面相对滞后。一方面，这是由于城市系统的组成部分之间关联与影响，导致很难把不同的行动与园区的可持续发展目标（如碳排放强度）建立直接的因果关系；另一方面，这也是因为园区目前还没有建立专门的知识管理机制，不能全面、系统地采集不同性质不同来源的数据。在这方面，中德生态园可以考虑采用大数据、基于性能快速提升以及基于传感器的环境监测手段等，来加强有关数据的收集和应用。

总之，中德生态园根据自身的历史使命、战略定位和自身的特点出发，内生地提出了城市发展实验室的独特实践。经过三年时间的初步探索，已经积累了可供国内外其他城市学习和借鉴的经验和教训。在评估前一阶段的时间模式和效果的基础上，中德生态园可以进一步地把城市发展实验室的方法扩展和深化，致力于把自身进一步发展成为未来可持续发展城市的开放式合作创新平台，并与更多的国内外机构共同探讨，使其成为建设代表未来城市发展方向的生态城区这一目标的有效途径。

第6章 中德生态园发展中的人文环境培育探索

中德生态园在过去6年发展过程中，在完善人文环境方面的探索，以及人文环境对中德生态园发展发挥着重要的支撑作用。本章首先综合理论界对人文环境的认识，介绍人文环境的内涵，探讨人文环境对园区竞争力的影响机制，介绍中德生态园的人文环境建设通过自然人和法人两类节点对园区竞争力产生的影响；其次介绍中德生态园在经济建设过程中重视多元文化体育交流的必要性、多元文化交流的探索与成效，总结多元文化交流对提升生态园人文环境内涵的影响；最后介绍中德生态园推出的城市和农村融合发展模式。

6.1 园区人文环境与竞争力

6.1.1 园区人文环境的内涵

（1）人文环境的内涵。

人文环境因素影响科技创新效果。对于科技创新而言，人文环境的核心是优秀社会价值观、社会主义的核心价值观以及价值中立、实事求是的价值态度。人文环境是人类在历史发展中创造的非物质文明成果，可通过社会文化、政策制度及产业竞争环境等三个层面来衡量。社会文化环境是指人类在改造自然过程中形成的，由区域文化、历史传统、社会风俗、价值导向和行为规范等要素共同构建的一种人文环境；政策制度环境是指政府和企业通过一系列正式约束和非正式约束，从制度层面为产业发展创造的一种人文环境；产业竞争环境是指产业内企业间在市场竞争中所共同创造并受其影响的一种人文环境。这里介绍的中德生态园人文环境不包括政策制度环境和产业竞争环境。

我们关注的中德生态园人文环境主要包括人们的思想价值观念与价值导向、行为规范、中德融合的社会文化环境，不包括政策环境、经济发展水平、产业竞争环境等方面。教育是改变思想价值观念与价值导向的方式，教育本身不是人文环境因素。

对于特定行业而言，人文环境的内涵有所区别，对特定行业的影响在不同时期亦存在较大差异。

对于文化体育产业的发展而言，人文环境包括文化多样性的保护与整体表现、社会的文化活力、公民的创造性潜力、国家的文化发展理念以及文化产业诸要素之间的连通性等因素。相比较文化体育产业发展的硬环境而言，这些因素透明性相对较低、弹性较大、可测量度低。

（2）中德生态园人文环境建设的内涵。

软环境的功能包括创业生产功能和生活功能。按照软环境发挥的作用不同，可以将软环境起到的功能分为保障性功能和改善性功能。

在中德生态园软环境建设中，把创业生产软环境建设与生活环境建设并重，保障中国的产业园区转型升级进入4.0阶段后实现产城融合、人居和创业有机结合的成功样板。其中，文化环境和休闲娱乐等属于人文环境，广义而言，人文环境既包括生活环境，又包括创业环境。人文环境保障中德生态园内部企业和管委、非企业组织之间的有效运行，起到了创业生产的保障作用（见表6-1）。

表6-1　　　　　　　　　　　　　软环境构成要素的两维四分法

	创业生产软环境	生活软环境
保障功能软环境	体制机制、政府服务等	教育、医疗、休闲娱乐等
改善功能软环境	政策条件、市场环境等	文化环境、休闲娱乐等

中德生态园在前6年的发展过程中，人文环境建设的内涵丰富手段主要集中于构建多元化的中德之间文化交流的国际化平台上。其具体表现为两个领域：一是通过创建德国足球亚洲基地、举办中德间足球邀请赛等促进中德足球领域的交流与合作；二是通过引进钢琴生产项目、举办国际钢琴公开赛等方式深化中德间的音乐文化交流。

6.1.2　人文环境对园区竞争力的影响机制

中德生态园认真总结了人文环境建设的意义，借鉴理论界、学术界及商界对人文环境在区域经济发展和绿色可持续方面的研究成果和经验积累，认为实践中应当及时总结人文环境建设的实践经验，不断挖掘、整合其中的隐性资源。人文环境建设的隐性资源，如政府的角色定位、公共服务价值理念、城市的生活品牌、公民的基本形象、市场交易参与主体的契约精神与价值理念等在具体的经济建设与绿色发展实践中都起着不可忽视的作用。

所有人文环境因素都具备相同的特征。①人文环境因素属于软环境，是非实物因素。②人文环境因素与制度因素一同构成契约运行的约束因素，制度因素体现为契约条款、外部法律和规章等对契约执行的刚性约束，人文环境因素体现为人的契约精神、不完全契约下机会主义价值判断、理念与价值导向等对契约执行的软性约束。③人文环境因素直接影响人的意识、理念与价值判断，最终都是通过人的意识影响生产、交易等经济活动。

作为追求卓越的中德生态园，本着通过完善生态园人文环境来吸引人才、留住人才的理念，遵循人文环境建设体现绿色发展和可持续发展理念的原则，通过人文环境建设向生态园区每一个法人和自然人传递绿色发展理念。结合中德生态园的绿色可持续发展定位，人文环境因素对中德生态园竞争力的提升主要通过两条途径：一是通过对经济活动中不完全契约的软约束，二是通过对生态环境具有负外部性经济活动的软约束。不论是中德生态园管委会内部的运作还是生态园企业的管理运营，契约的不完全特征都会通过人员的机会主义影响到管委会的运作效率、园区企业的运营效率。中德生态园通过提升相关人员的职业素养和价值观念对个人机会主义施以有效约束，有效实现了组织与个人的目标相容，提高了政府机构和企业组织的工作效率。中德生态园绿色可持续发展理念的贯彻和执行在很大程度上是通过制度约束和行政命令，但是确保发展理念落到实处是参与主体对发展理念深入解读和认可（见图6-1）。

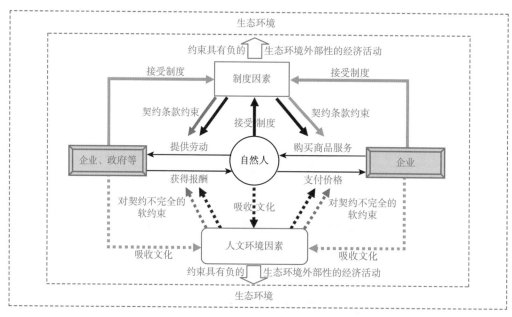

图6-1　人文环境对中德生态园竞争力的影响

6.2　多元文化体育交流平台

6.2.1　多元文化体育交流的必要性

德国杜伊斯堡大学的民意调查结果表明，被调查的中国人80%以上对德国有好感，被调查的德国人对中国有好感的只占到39%。卢秋田先生将这种现象称作中德认知的不对称。在最初6年的建设过程中，中德生态园通过国际顾问委员会（智库）系列会议、顾问专家和学者学术讲座、基于德国足球亚洲基地的系列培训班与夏令营活动、德国欧米勒钢琴国际公开赛等多元文化交流活动，初步缩小了中德两国人民之间认知上的差异。这种多元文化体育交流活动对中德人民之间认知不对称的初步影响，被国际顾问委员会专家称作创举。

德国巴伐利亚州经济、基础设施、交通和技术部前部长，巴伐利亚州经济顾问委员会主席奥托·威斯豪耶博士在2016年夏季中德生态园顾问委员会专家讲座上提到了中德两国人民对对方社会、政治与经济认知的滞后性。威斯豪耶指出：

如果问中国人你最熟悉的德国人是谁，最多的人会说阿道夫·希特勒，第二名是卡尔·马克思；排在后面的是歌德，再有就是现任德国总理默克尔。

德国人对于中国社会性质的认知是，中国一方面是一个中央集权制的国家，另一方面是在这种中央集权体制中的市场经济。在这样的政治体制下，政治和经济两个系统怎么能运作得如此之好，这是令很多人不解的地方。

上述现象说明，历史脉络的发展需要很长的一段时间，相关的社会、政治、经济包括历史人物才能被对方的人民所知。即使中国已对外开放了40年，中德人民对对方社会、政治与经济的认知，尤其是德国人对中国的认知仍存在较为严重的滞后性。这种滞后性会阻碍中德双方的深入、全方位合作。

德国在全球工业化进程中展现的独特工匠精神，培育工匠技能的高效率的职业教育和德国人的思辨精神，这些都是非常值得中德生态园构建支撑园区可持续发展的人文环境所借鉴和学习的。我国前驻德大使、中德生态园顾问专家委员会专家卢秋田指出：

创新是德国经济的灵魂，但是工匠精神和严谨精神是德国质量的保证。什么是工匠精神，工匠精神：专注、重视细节、追求完美、精益求精。德国不仅是一个经济强国，还是一个文化强国。在德国的人文天空中，群星灿烂，它是一个哲学家的国度，是一个诗人的国度，是一个音乐家的国度，也是一个文学家的国度。德国人的哲学思维已经渗透到血液中。

6.2.2　多元文化交流的定位

（1）国内文化体育产业的发展趋势。

我国的文化产业发展有数量庞大的受众群体和市场空间。欧洲媒体在报道中称，西方古典音乐在中国的发展可谓突飞猛进，约有4000万青少年在学习钢琴或小提琴，中国正在向着成为古典音乐大国这个目标迈进。古典音乐在中国的升温也催生了相关乐器制造教育培训产业的发展。数据显示，我国城镇家庭的钢琴拥有量已经超过800万台。中国目前每年大约生产37万架钢琴和250万把小提琴，数量超过全球其他任何国家；各类大大小小的音乐教育培训机构也如雨后春笋般涌现，万千琴童的中国家庭也在经济和时间上释放着前所未有的热情。

就青岛市的城镇居民而言，人均教育文化娱乐消费支出在最近十几年间总体呈现递增的趋势。例如，2005年人均支出为1435.28元，2010年上涨到1748元，2015年为2264元。全国的情况和青岛市非常相似，2005年全国人均教育文化娱乐消费支出是1097.46元，2010年上涨到1627.64元，2015年进一步上涨到2382.8元。所不同的是，全国人均教育文化娱乐消费支出快于青岛市人均教育文化娱乐消费支出。这一现象从教育文化娱乐消费支出占消费支出比重这一指标的变化中也得到了体现。从教育文化娱乐消费支出占消费支出比重在2005~2016年的变化趋势来看，全国的教育文化娱乐消费支出占消费支出比重先下降后上升，尤其是2013年以后上升较为明显。

通过上述分析发现，全国人均教育文化娱乐消费支出呈上涨趋势，教育文化娱乐消费支出在消费支出中所占比重最近几年呈上涨趋势，教育文化娱乐的发展具有较为广阔的市场空间（见图6-2和图6-3）。

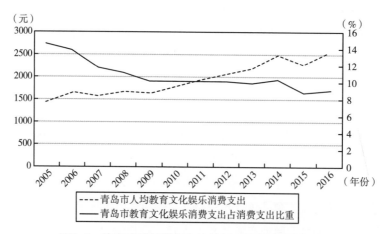

图6-2　青岛市城镇居民人均教育文化娱乐消费支出

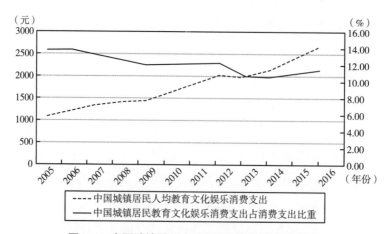

图6-3　中国城镇居民人均教育文化娱乐消费支出

（2）中德生态园多元文化交流与发展定位。

根据马斯洛的层次需求理论，一个社会实现物质自由以后势必转向对精神文明的需求。中国已经计划在不远的将来大力发展自己的足球产业，使足球逐渐将成为一项大众化的全民体育项目。与北京、上海这些一线巨型城市相比较，青岛独特的地理位置和海洋气候为青岛赢得了发展足球运动和足球教育的独特区位优势，青岛具备未来发展成为全国足球中心的硬件条件。

德国足球起步早，足球文化底蕴深厚。德国国家队是世界上最有名及最成功的国家足球队之一，曾经四次夺得世界杯，三次夺得欧洲国家杯冠军。德国足球的传统是身体力量与技术的结合，被称为绿茵场上的"德国战车"。德国足球甲级联赛是德国足球最高等级的俱乐部赛事，是欧洲五大联赛之一。中德生态园在建设之初就拟与德国相关方合作，在中德生态园建立一个足球训练基地，以这种训练基地的方式来培养中国的年轻足球后备力量，培训基层教练和教员。这种训练方式和体系，在德国由俱乐部来完成；中国目前还没有建立这样的体系，国家领导层已经开始重视发展校园足球。因此，建立这样的足球训练基地符合中国足球的长远发展方向。对中德生态园而言，可以更好地打造足球的国际化交流平台，积极开拓与德国足球和文化交流领域的合作，打造体育产业引领发展的国际化生态园区。

举办服务体系较为完整的足球比赛，保证足球比赛的趣味性和产业链的成熟度，确保足球赛事的产业链和商业模式能够形成巨大的商业价值。足球赛事要具备在全世界范围内能够快速复制和规模化的特点，未来能够给中德生态园产生巨大经济效益和社会效益。举办外籍参赛者众多的"格调型"商业体育赛事，使中德生态园的体育产业发展更加商业化、多元化、国际化，提高园区的国际知名度，促进国际间体育文化交流。

成立足球训练基地、举办足球赛事的同时，吸引德国的钢琴生产和制造项目，举办中德国际钢琴公开赛，举办中德青少年音乐教育高峰论坛，多措并举促进中德多元文化交流与合作。

引进德国钢琴研发、生产与制造项目。吸引德国有影响力的钢琴有限公司在中德生态园投资建设品牌钢琴的生产、研发基地，建设钢琴展示、演奏音乐厅。举办中德钢琴国际公开赛，保证比赛规模、参赛选手的数量和参赛选手的地域多样化，邀请中德双方知名钢琴家和艺术家担任评委和比赛颁奖嘉宾，以最大限度地提高中德文化交流的知名度和影响力。举办中德青少年音乐教育高峰论坛，注重中德青少年间的交流。

中德生态园文化体育产业如图6-4所示。

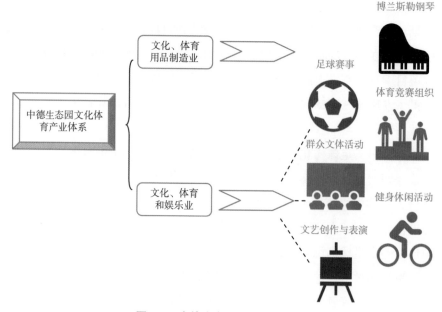

图6-4 中德生态园文化体育产业

6.2.3 多元文化交流发展的举措与成效

（1）推进多元文化交流的外部智力支持。

组建了中德生态园专家智库，为推进中德生态园多元文化交流引进外部智力支持。2014年第一季度，开始组建中德生态园智库。目前，已经聘请24名中、德籍顾问包括联合国前副秘书长、德国前环境部长克劳斯·托普弗，巴伐利亚州经济部前部长、经济顾问委员会主席奥托·威斯豪耶博士，原中国驻德大使、中国人民外交学会荣誉会长卢秋田等。

（2）中德足球体育交流的举措。

多次组织中德足球界专业人士就中德间的足球交流与合作模式展开讨论，引入足球交流与合作模式选择的外部智力支持。中德生态园聘任克劳斯·施拉普纳先生为中德足球交流顾问委员。

通过顾问委员深入了解德国足球协会在体育发展中扮演的角色，明确足球协会是在德国足球体育发展的基础性作用。与中国不同的是，德国的足球人才绝大多数都是由体育协会培养的，而不是俱乐部培养的。在德国，非常注重足球运动员的早期培养和教育。德国的足球发展经验表明，足球业有其独特的产业关联效应和产业辐射效应，如足球业的发展可带动医疗康复业、营养业等相关行业的发展。多次与以克劳斯·施拉普纳为代表的德国足球界、体育届人士交流，建立了良好的合作关系，以这些顾问委员和友好人士为桥梁，取得来自德国的足球培训服务和足球师资力量提供。在此过程中，以克劳斯·施拉普纳为代表的德国足球界、体育届人士表现出对中德足球交流与合作的高度热情，进一步深化了中德生态园和外部智力之间的合作关系。

经过多方的共同努力，2016年6月600多名教练和学生组成的交流团在中德生态园进行足球训练和交流。中德足球交流逐渐成为中国青少年足球教育的一个重点基地，这一举措也引起了中国高层的关注，并从顶层设计的角度来推动和德国的足球合作。

与德国拜仁慕尼黑足球俱乐部签约，在中德生态园设立中国首座拜仁慕尼黑足球学校，将世界最知名足球青训体系第一次引入中国。2017年，举办多次拜仁慕尼黑教练员训练活动、首届国际青少年足球邀请赛、全国青少年校园足球夏令营等活动，近3000名优秀足球运动员、教练员参加，中国足协两位副主席同时莅临开营仪式。2018拜仁慕尼黑青年杯中国区决赛在园区开赛，10名中国球员参加最终的决赛。

园区在推进中德足球交流与合作的同时，也引起了媒体的高度关注。例如，施拉普纳先生几次到中德生态园来推动中国足球和德国的合作，中德生态园建成中德足球交流合作的培训基地等相关事宜，曾经在2016年6月的《人民日报》上进行报道。国内外媒体的报道有助于提升中德生态园多元文化交流方式与成效的知名度。一些值得推广的做法通过媒体向社会各界传达。

（3）中德音乐文化交流的举措。

中德音乐文化交流主要围绕着德国著名品牌钢琴研发与生产项目引进、举办中德青少年音乐教育高峰会议、举办国际钢琴公开赛等。

经过前期的不断努力，中德生态园在2014年4月促成德国欧米勒钢琴公司总裁来青岛交流钢琴生产和钢琴比赛事宜。2014年10月10日，在李克强总理访德参加的第七届中德经济技术合作论坛上，中德生态园DGNB可持续建筑标准体系合作、德国欧米勒钢琴研发生产等项目签约，进一步扩大了中德生态园对德交流的平台。同年，由德国总统确定为国宝的博兰斯勒钢琴旗下的德国欧米勒钢琴在中德生态园开始投资建厂。

2014年10月，德国欧米勒国际钢琴公开赛总决赛正式移师青岛。2015年5月，第四届德国欧米勒（青岛）国际钢琴公开赛在青岛正式启动。赛事针对不同背景的钢琴演奏者，分为了专业组、公开组及业余组等3个大组、51个小组的比赛。历时4个月在全球100多个分赛区展开选拔，来自中国、韩国、日本等亚洲国家及德国、美国、丹麦、瑞士等欧美国家的上万名专业及非专业选手参加了全球各地的选拔赛；最终，1000多名选手凭借优异的表现，从上万名参赛选手中脱颖而出进入总决赛。

2016年8月12~14日，德国音乐家协会和中国音乐家协会在中德生态园举办中德青少年音乐教育高峰会议，十几位中外双方音乐学院的院长在会议上进行了音乐教育方面的交流，并对参会学生进行指导。该会议作为中德青少年交流年年度项目，由德国驻华使馆官网、新华社等上百家机构、媒体报道。2019年7月，中德生态园举办了中国最大、参赛选手最多的第六届德国欧米勒国际钢琴公开赛，初赛选手达31000人，近2000名选手从全国各地选拔赛中脱颖而出参加决赛（见图6-5）。

图6-5 第五届德国欧米勒国际钢琴公开赛

在推进钢琴生产项目、音乐教育高峰会议、国际钢琴公开赛等多元音乐文化交流平台的同时，中德生态园还制作了一部名为《德国钢琴与青岛》的宣传片，通过适当的宣传提升多元音乐文化交流的成效和中德生态园多元音乐文化方式的知名度。作为多元音乐文化交流成果的重要展示渠道，该宣传片在中国和德国两地拍摄，并有专业团队制作。

（4）中德生态园多元文化体育交流的成效。

首先，组建了为多元文化体育交流提供外部智力支持的专家智库，不断学习德国优秀的文化成果和先进的发展理念。

中德生态园顾问委员会（智库）在推进多元文化体育交流的过程中发挥着重要作用，一是发挥中德间文化体育交流的桥梁和纽带作用，二是为交流合作伙伴与交流方式的选择提供智力支持。中德生态园顾问委员会保障了园区在多元文化体育交流的正确轨道上高水平发展。通过专家智库不断学习德国优秀的文化成果和先进的发展理念。

其次，成立德国足球亚洲基地，举办多期培训及国际交流活动，举办青岛市校园足球教练员提高培训班，"德国足球的青岛模式"逐渐形成，足球亚洲基地于2017年获批成为全国首批五个"全国青少年校园足球教练员培训基地"之一。

德国足球亚洲基地是中德双方联合打造的具备全新理念的足球产业基地，引进德国最先进的培训竞赛体系，在青少年校园足球领域全面开展合作。中德生态园德国足球亚洲基地自投入使用以来，已经举办数期培训及国际交流活动。通过中德足球交流活动，进一步拓展了德国足球亚洲基地足球教练队伍。基地已与多位足球专家建立了长期合作关系，今后会在中德足球交流活动中发挥重要作用。德国足球亚洲基地是德国足协第一次在中国开设亚洲足球培训基地，成为德国足协与中国合作的开端。

德国足球亚洲基地作为一个全新理念的足球产业基地项目，基于中德生态园对德合作的平台和优势，在体育文化领域成为中德首个合作项目。基地的建设既参考了德国足球训练基地的建设理念，又充分考虑中国校园足球发展的实际需要，配套合理、实用性强。重点引进德国及国际上具有核心竞争力的足球产业并与中国足球产业发展相融合，旨在打造的"德国足球的青岛模式"逐渐形成。基地主场地自2015年建成以来，已经渐渐成为中德青少年足球交流发展的标志性平台。

最后，钢琴生产、钢琴展示、演奏音乐厅项目开工建设，钢琴国际公开赛、音乐教育高峰论坛等音乐文化交流形式不断提升中德生态园软实力，进一步丰富中德生态园的人文环境内涵。

德国博兰斯勒钢琴有限公司在中德生态园投资建设欧米勒品牌钢琴生产、研发基地及钢琴展示、演奏音乐厅（见专栏6-1）。

专栏 6-1　博兰斯勒——中德文化交流的代表

德国博兰斯勒钢琴有限公司项目总投资 7500 万美元、注册资本 2500 万美元。研发基地及钢琴展示、演奏音乐厅占地约 27 亩，选址在中德生态园团结路南侧、昆仑山路西侧、青兰高速东南侧。该项目于 2014 年 10 月 10 日，中德生态园管委会在李克强总理访问德国柏林期间签订了项目投资合作协议。2014 年 12 月，办理完成注册资本 2500 万美元的欧米勒钢琴（中国）有限公司的工商注册手续。2015 年 2 月，启动研发基地及钢琴展示、演奏音乐厅项目用地招拍挂程序，该项目已于 2015 年 10 月举行奠基仪式。2016 年 8 月正式开工建设。钢琴生产厂占地约 90 亩。项目建成后，年生产立式及三角钢琴 4 万台。

每两年举行一次的欧米勒钢琴国际公开赛从广州永久移到青岛中德生态园，并成功举办了中德青少年音乐教育高峰论坛。中德青少年音乐教育高峰论坛取得青岛市人民政府、德意志联邦共和国驻华大使馆的支持，由中国音乐家协会、德国音乐理事会、德国博兰斯勒音乐基金会、青岛中德生态园共同主办。这些在国内外进一步提高了中德生态园的文化影响力，提升了中德生态园的国际化水平，形式多样的文体活动为中德生态园的国际交流合作注入旺盛生命力。

6.2.4　教育事业发展与人才培育

（1）积极寻求与德国高校的人才培养合作。

2014年开始推进与德国的教育与人才培养合作。积极与德国高校等研究机构对接，利用高校科研、人才等方面的优势，开展相关合作。一是推进中德双元工程大学（筹）。与青岛科技大学、青岛中德双元教育科技有限公司合作，由青岛双元教育科技有限公司作为项目法人具体承建与运营，与德国帕德博恩等5所大学进行合作，引进德国"双元制"人才培养理念及优质教育资源，培养具备中、德、英三种语言能力，通晓国际商事规则和国际标准的双师型、复合型人才。二是推进中德应用技术学校项目，按中高职一体化模式，整体规划，分步实施。采取混合所有制运营模式，宿舍、食堂、商业及部分实训基地由职教集团运营，在满足教学需要的基础上，面向社会开放，提高教育资源利用效率。三是与AHK等合作推进德国双元制职业教育，取得德国促进贷款2000万欧元融资。开工建设留德人员创新创业中心，通过双方合作吸引留德人员到中德生态园创业就业。

不断完善城市国际交流平台建设。与德国奥尔登堡市签订全面合作框架协议并促成与德国奥尔登堡市职专的职业教育合作，奥尔登堡市在园区设立代表处。截至目前，已促成莱法州、曼海姆市、奥尔登堡市三个州市在园区设立代表处。

（2）建设"双元制"大学。

双元制教育是德国职业教育的核心，被看作是当今世界职业教育的一个典范。作为德国职业教育的主体，它为德国经济的发展培养了大批高素质的专业技术工人，被人们称为第二次世界大战后德国经济腾飞并稳步发展的秘密武器。在当今的德国，"双元制教育模式"已扩展到了全高等教育领域，即大学生入学前需与企业签订雇用培训合同，然后到大学/学院报名，以学徒职员和大学学生的"双元"身份，分别在培训企业和校园这两个"双元"机构中边实践边完成学业。在基础教育结束后的每一个阶段，学生都可以从普通学校转入职业学校。接受了双元制职业培训的学生，也可以在经过一定时间的文化课补习后进入高等院校学习。近年来，有许多已取得大学入学资格的普通教育毕业生也从头接受双元制职业培训，力求在大学之前获得一定的职业经历和经验。

2015年9月，青岛中德生态园管理委员会与青岛科技大学、中国计算机世界出版服务公司三方签署了《合作设立"中德双元工程大学"框架协议书》，合作在中德生态园内建"双元制"大学。采取内引与外联相结合，依托具有近20年与德国知名高校合作经验的青岛科技大学，创新投融资模式，引入社会资本，扩大国际合作办学视野，提升层次与水平，建设非独立法人的中德双元工程学院（见专栏6-2）。

专栏 6-2　中德双元教育

2016年11月25日，注册资本为1亿元的项目法人——青岛中德双元教育科技有限公司正式在中德生态园注册成立。2017年3月9日，签订《合作设立"青岛科技大学中德双元工程学院"执行协议》。同年3月28日，举行项目建设启动仪式。按计划，中德双元工程学院总占地约1007亩，其中建设用地647.5亩，绿地359.5亩。总投资约25亿元，分3期建设。其中，一期用地约296亩，于 2017 年动工建设，2019 年完工。2019 年 9 月，首批学生正式入学。2023 年前完成校园主要功能区域规划建设。

依据国家中外合作办学有关规定，在取得合作办学许可证后，将面向高中毕业生实施 4 年本科教育或 6 年一贯制硕士学历教育。计划 5 年内增加机械工程、电气工程及自动化、电子信息工程、网络工程、应用化学、环境科学与工程、高分子材料与工程、化学工程与工艺、能源与动力工程、财务管理等 10 个专业，办学规模达到 1.2 万人左右，纳入国家普通高等教育招生计划，毕业后可同时获得中德两国承认学历。

兴办青岛科技大学中德双元工程学院，旨在通过引进德国"双元制"人才培养模式及德国高校的优质教育资源，借鉴国际先进的教育理念和管理经验，发挥中德生态园乃至青岛的本土优势，着力培养一批具有中德两国文化背景，运用汉语、德语、英语三种语言能力，通晓国际商事规则和国际标准，面向园区乃至全国输送急需的双师型、复合型和国际化的高级工程技术人才、中高级经营管理人才和职业培训人才。

"双元制"教育模式将企业与学校、理论知识与实践技能紧密结合起来，在培养专业技术工人方面做出了尝试并取得初步成功。

（3）建设中德应用技术学校。

中德应用技术学校由青岛经济技术开发区职业中等专业学校成建制搬迁到青岛中德生态园建设提升而成，其最终目标是一所具有双元制办学特色的中高职一体化、设施一流、生态智慧的国家级重点职业学校，成为中德生态园乃至西海岸新区重要的应用型技能型人才和能工巧匠培养培训基地（见专栏6-3）。

专栏 6-3　中德应用技术学校

中德应用技术学校规划全日制在校生规模为 8000 人。其中，中职部分学生规模 3000 人，高职部分学生规模 5000 人。针对中德生态园以及西海岸新区的产业体系与未来趋势，在原开设的机电、数控、汽修、动漫、物流管理等 16 个专业的基础上，新开设智能制造技术、海洋机电工程技术、工业机器人、物联网技术、物流服务与管理、会展策划与管理、早期教育、中德合作养老管理等专业。截至 2018 年，该校在校学生已有 3375 名，教学班级 71 个。

学校新址用地规模 450 亩（30 公顷），一期中职部分建设用地约 160 亩，二期建设用地约 290 亩，地上总建筑面积达 19 万平方米。其中，一期中职部分建筑面积达 7 万平方米。工程总投资 11.08 亿元。其中，一期投资 4.15 亿元，二期投资 6.95 亿元。一期中职校园于 2017 年 9 月开工建设，2019 年 6 月前投入使用。

（4）创建青岛—汉斯·赛德尔基金会职业能力发展中心。

技能型人才培养的关键是要有一支工匠精神和技艺精湛的教师队伍。基于德国汉斯·赛德尔基金会的合作推进，青岛开发区职业中专先后有28名教师赴德国参加专业培训，在德国职业教育体系、双元制教育模式、职业教学法等领域进行了深入学习，增长了以师带徒的才干。借助"职业能力发展中心"，与德国乌帕塔维特桥职业学院、科隆西门子职业学校等德国院校建立了友好合作关系，中德师生相互开展学习交流；引入教育部"中德诺浩汽车高技能人才推进计划"项目，采用源自德国的国际化课程，开设中德合作养老护理专业。引进德国职业培训标准和德国AHK职业资格认证体系，特别是AHK职业资格证书的认证实现了职校学生的培养标准与国际标准的接轨（见专栏6-4）。

专栏 6-4　汉斯·赛德尔基金会

汉斯·赛德尔基金会（Hanns-Seidel-Stiftung）成立于 1966 年，是德国巴伐利亚州执政的德国基督教社会联盟（CSU）的下属组织，是最早与中国教育部开展教育合作的在华德国非政府组织，自 1983 年以来已在华设有 16 个合作项目，涵盖职业教育、管理培训等多个领域。青岛中德生态园建园伊始即委托青岛开发区职业中专进行德国标准的技能型应用性人才培养和培训。2012 年 5 月，青岛中德生态园管委与青岛开发区职业中专、德国汉斯·赛德尔基金会、青岛西海岸职业教育有限公司四方合作建设校企共建共享的生产性实训基地——"青岛中德生态园培训基地"。2016 年 11 月 14 日，青岛—汉斯·赛德尔基金会职业能力发展中心正式揭牌成立，落户在中德生态园。

（5）园区周边人力资源供给。

土地、厂房、劳动力和资本是企业生存与发展的四大基本要素。相对改革开放初期的廉价劳动力优势，现代企业特别是科技创新型、技术领先型企业更需要相匹配的人力支撑系统，而具有一定的专业知识或专门技能，并能够进行创造性劳动的人力资源，对支撑企业快速成长、长期发展具有重要作用。人力支撑的主要路径，来自高等普通大学、职业学院和职业中等专科学校的专门培养。

以中德生态园为中心、以50公里为半径范围（1小时通勤圈）内，分布着中国海洋大学、中国石油大学（华东）以及青岛大学、山东科技大学、青岛科技大学、青岛理工大学、青岛农业大学、青岛滨海学院、青岛黄海学院等13所国家及省属重点建设的普通高等学历教育的大学和学院，建有青岛职业技术学院、青岛港湾职业技术学院、山东外贸职业学院等7所高等职业专科院校。

近几年来，中德生态园及其周边陆续引建了数10所一流高校或拥有一流学科高校的新校区，包括复旦大学青岛研究生院、中国科学院大学青岛研究生院、哈尔滨工程大学青岛校区以及中德双元工程学院、中高职一体化的中德双元制绿色技术应用学院等。预计到2020年，青岛西海岸新区将拥有20所以上普通高等学院和研究生院，数10所中、高等职业院校，将建立起科学完善且供给均衡的入园企业和其他市场主体所需的人才支撑体系（见表6-2）。

表6-2　　　　　　　　　　　　　　　　　本地高校人才供给

主导产业	院校名称	学科专业人才培养
生物工程与生命健康产业类	中国海洋大学	海洋科学、生物学、食品科学与工程、水产、药学
	青岛大学	眼科学、生理学、神经生物学、基础医学、营养与食品卫生学、药学、公共卫生与预防医学
	青岛科技大学	制药工程
	青岛农业大学	生物化学与分子生物学、动物遗传育种与繁殖、植物病理学、植物营养学、微生物学、遗传学、细胞生物学、农药学
超低能耗绿色建筑产业类	中国石油大学（华东）	工程学、控制理论与控制工程（新风系统）
	中国海洋大学	土木工程、控制科学与工程（新风系统）
	山东科技大学	土木工程、控制科学与工程（（新风系统）
	青岛理工大学	土木工程、建筑学、城市规划、景观建筑、控制科学与工程
智能制造产业类	中国石油大学（华东）	计算机技术与资源信息工程、控制理论与控制工程、机械工程、管理科学与工程
	中国海洋大学	机械工程、控制科学与工程、计算机科学与技术
	青岛大学	控制科学与工程、机械工程、电气工程、软件工程、计算机科学与技术、信号与信息处理
	山东科技大学	控制科学与工程、机械工程、仪器科学与技术、软件工程
	青岛科技大学	机械工程、机械设计及理论、软件工程
	青岛理工大学	机械设计制造及其自动化、信息与通信工程、控制科学与工程、管理科学与工程
	青岛农业大学	农业机械化工程
绿色环保装备等新兴产业类	中国石油大学（华东）	材料科学、环境科学与工程
	中国海洋大学	大气科学、生态学、材料科学与工程、环境科学与工程
	青岛大学	材料科学与工程、热能工程
	青岛科技大学	材料科学与工程、动力工程及工程热物理
	青岛理工大学	材料科学与工程、环境科学与工程
文化创意设计产业类	中国海洋大学	工业设计
	中国石油大学（华东）	工业设计、建筑学
	北京电影学院青岛创意媒体学院	动漫艺术、文化产业管理
	青岛大学	艺术学（包括动画、绘画、视觉传达设计、环境设计）
	山东科技大学	工业设计、艺术设计

续表

主导产业	院校名称	学科专业人才培养
文化创意设计产业类	青岛科技大学	动画、绘画、视觉传达艺术设计、工业设计、产品设计
	青岛理工大学	工业设计、艺术设计、绘画
	青岛农业大学	城市景观艺术设计、园林艺术
	青岛滨海学院	动画、视觉传达设计、工业设计、环境设计
	青岛黄海学院	动漫、设计与制作、艺术设计

6.2.5 多元文化交流对提升生态园人文环境内涵的影响

（1）绿色发展、可持续发展的理念深入人心。

绿色发展与可持续发展是中德生态园建立之初的定位，并且是过去6年建设过程中一以贯之的战略导向。需要指出的是，这一发展理念的深入贯彻与具体落实并非一帆风顺，也遇到不少挑战。中德生态园取得了以下几个方面的突破：一是对德国绿色发展模式的解读和借鉴，前者涉及绿色可持续发展的本质特征和内在规律，后者涉及德国模式与中国国情的有效衔接；二是产业选择、服务配套与绿色可持续发展模式定位，模式定位的难度远远大于产业选择和服务配套，这也是掣肘生态园管理服务人员对绿色可持续发展本质特征和内在规律认识的关键一环；三是绿色可持续发展机制的形成。这涉及三个方面：其一，制度保障下的绿色可持续发展市场运行机制；其二，绿色可持续发展的监管体系；其三，市场参与主体的绿色可持续发展意识与理念（见图6-6）。

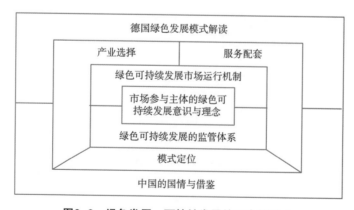

图6-6 绿色发展、可持续发展的理念的形成

在过去的6年建设过程中，通过借鉴中国工业园区的发展经验，引入外部智力支持、跨文化的城市间的合作，招商引资、引智，逐步深化对德国绿色发展模式的解读，不断完善德国模式与中国国情的有效衔接。选择了适合中国国情和中德生态园发展战略的产业与项目。在这个过程中，园区管委会、园区落地企业、社区与顾问委员会等多方、多轮动态博弈，逐渐形成尊重自然、重视生态环境、尊重新形势下中国经济发展的内在规律的园区文化，使绿色发展、可持续发展的理念逐渐深入人心，制度保障下的绿色可持续发展市场运行机制初见成效。

（2）逐渐形成开放、共享、多元融合的生态园园区文化。

中德生态园建设的前6年，从无道路、无配套、无企业的"三无地带"，逐步发展成为中德合作创新平台，被中国商务部和德国经济部誉为"中德两国政府间生态领域的灯塔式项目，是中德双边合作园区的典范"。其中生态指标编制、产业定位与发展模式选择、项目招商、成立顾问专家委员会、体育与音乐文化交流等每一个环节无不体现着开放、共享与融合的发展理念。

这种开放、共享、多元融合的生态园园区文化既包括"洋为中用"和"师夷长技"的借鉴，又包括中国传统文化与西方工业化文明的兼容并蓄、融合发展，还包括社会各界与社区民众的广泛参与、广开言路、察纳雅言。开放、共享、多元融合的生态园园区文化有利于各类方案的优化与相关方利益的平衡。

（3）树立了区域经济增长质量观——从传统的重视经济增长速度到重视新型经济增长质量的转变。

中国以往的经济增长以数量、规模和速度为主要标尺，传统经济增长方式带来的问题是资源枯竭、生态环境破坏和经济增长不可持续。实现从经济增长数量、规模到经济增长质量转变是中国经济增长的新型发展战略。然而，经济增长质量实现的方式与路径尚不明确。中德生态园选择的绿色可持续、产城融合发展模式，为园区经济发展提供了新的样板。

从产业关联和产业辐射的角度，文化产业通过影响、改造人的理念与价值观进而改变劳动者的生产效率和团队、组织的运营效率。文化表面上是软约束，然而这种软约束产生的影响最为深入和持久。"互联网+"与文化的结合产生了网络文化，网络文化产业为体育产业的发展搭建了桥梁，网络文化产业突破了时空限制，减少了传播的中间环节，以更迅速、更直接的方式满足大众的需求，并实现与体育受众的沟通，对体育产业与国际接轨起到了促进作用。

中德生态园通过多元文化交流、自身的经济发展路径选择与绿色经济实践影响着生态园发展每一位参与者，逐渐形成了对这一新型经济发展模式的认知。这主要体现在逐步树立的区域经济增长质量观。这种新观念正在冲击并替代既有的经济增长数量观。

6.3　城市和农村融合发展模式

在德国19世纪出现的"史莱伯花园"越来越符合后工业化时代人们对新型生活方式的

追求。德国在不同发展阶段出现的经济文化现象对中国具有一定的启示意义。近几年开始出现的返乡翻新老房、返乡修建别墅现象说明越来越多的人们对田园生活方式的追求。中德生态园借鉴"史莱伯花园"推出适合中国特色的城市和农村融合发展模式。

6.3.1 德国"史莱伯花园"

德国是世界上生态环境保护较好的国家之一。在德国人与自然的和谐体现在一片片体量庞大的被植被包裹着的生态保护区。德国很多城市的周边，或者城市的郊区，有许多与生态区相辅相成的小园区，这些园区由一块块绿色的小地块组成，每一块绿色的土地上都建有一栋小木房子。房前屋后种植着各种植物，院子里忙碌着伺弄植物的人们。这种在德国城市郊区的田野上被分割成若干小型耕地，以及耕地上建有的类似于别墅的小木房子和耕地上茂密的果蔬组合成的花园，被人们亲切地称为"史莱伯花园"（见专栏6-5）。

专栏 6-5　史莱伯花园

史莱伯花园（Schrebergarten）已经成为在欧美流行了一个多世纪的健康生活方式的代名词。史莱伯花园这一命名，来自19世纪末一位莱比锡的医生莫里茨·史莱伯。史莱伯医生探索这种家庭休闲模式，其初衷是想让自己的孩子有一个玩耍、亲近自然、学习农活的空间。基于这样的想法，史莱伯在莱比锡郊区开辟了一个私家花园，种上花卉、植上草地，房前屋后载上果树。出于农作和休息的需要，史莱伯医生又搭建起了可供休息和存放农具的小木房，空闲时带着家人来花园里伺弄管理田园，同时亦可在乡间度假、休闲。

在创立之前，拥有私家花园的人毕竟是少数，一般人无法享受一份独有的田园风光。德国人从史莱伯医生构建的私家花园和生活模式中得到了启发，于是私家花园模式雨后春笋般地在德国的城郊蓬勃兴起，之后被欧洲所接受，迅速流行开来。史莱伯花园给人们带来了新的生活方式，并逐渐成为一种生态文化现象。经过不断发展成熟，德国人在由篱笆分隔田园的基础上，慢慢扩张形成了今天这样形态的史莱伯花园。在德国土地上最早诞生的史莱伯花园，已经成为德国的纪念性保护遗产，相关组织在史莱伯花园旁边又建立了德国小型的花园博物馆。

如今的"史莱伯花园"与时俱进，在运作模式上由各个城市的菜园协会组织管理，并分租给提出申请的城市居民。根据规定，一般情况下在园内至少1/3的土地上植蔬果，1/3的土地建造小房子，余下的1/3使用权园主自行决定。目前欧洲有300多万个家庭有"史莱伯花园"，仅德国拥有"史莱伯花园"的家庭就超过100万个。

6.3.2 中德生态园城市和农村融合发展模式

中国的工业化进程比德国晚几十年，近现代以来中国的经济发展水平一直落后于德国。德国在不同发展阶段出现的经济文化现象对中国具有一定的启示意义。随着中国居民收入水平的提高，近几年开始出现返乡翻新老房、返乡修建别墅的现象。2016年11月，国务院印发了《关于支持返乡下乡人员创业创新促进农村一二三产业融合发展的意见》。上述现象均表明，对城市生活和农村生活相融合的生活方式逐渐成为人们追求的新型生活方式。

中德生态园推出的农村城市融合发展模式是产城融合新型园区人文环境的一大亮点，赋予了未来产城融合发展模式人文环境新的内涵（见专栏6–6和图6–7）。这种新型休闲度假方式具备以下三个优势：其一，服务市场前景广阔；其二，有效降低了消费者移动型休闲度假服务的交易成本；其三，有效实现了休闲度假服务供给的规模经济与范围经济。

专栏 6–6　中德生态园史莱伯花园项目

作为中德两国战略合作园区，中德生态园史莱伯花园项目正是借鉴了德国先进的成熟经验，精心规划建设 6 万余平方米，打造生活生态型市民田园，旨在成为社区农业的菁华之作。在史莱伯花园项目示范区，一栋栋可随意移动彩色木屋都是独门独院，屋前的空地上种满丰富多样蔬菜和花草。远处大片的种植区以各类蔬菜为主。中央池塘、景观树木相映成趣，整个花园一片鸟语花香。2016 年 6 月 14~15 日，中德生态园国际顾问委员会（智库）第二次会议召开期间，园区顾问们来到了史莱伯花园为以自己名字命名的生态小屋挂牌，成为史莱伯花园首批"园主"。目前，史伯莱花园项目示范区已完工，种植区也已开展作物种植，已完成 194 个地块共约 2 万平方米的种植作业。项目通过前期试运营，已于 2017 年正式投入使用。

图6–7　中德生态园史莱伯花园

6.3.3　国际化推动城市化，以园区发展促进乡村振兴

党的十九大报告指出，农业、农村、农民问题是关系国计民生的根本性问题，必须始终把解决好"三农"问题作为全党工作的重中之重，实施乡村振兴战略。

农业农村经济是国民经济的重要组成部分，乡村振兴这一重大战略的提出，是国民经济和社会发展出现重要阶段性变化的必然要求。当前，我国经济社会发展进入新阶段，突出表现为第三产业对GDP的贡献率、最终消费支出对GDP的贡献率以及城镇化率均接近60%，这些指标通常用来表征一个经济体正在走向稳定和成熟。新的发展阶段需要重新调整城乡工农关系，同时也赋予了农业农村新使命。长期以来，农业和农村扮演着食物供给、要素贡献的角色，生产功能、增产导向占主导地位。当经济社会发展进入高质量发展阶段后，结构性矛盾上升为主要矛盾，发展对资源要素量的投入依赖程度下降，这需要农业从增产转向提质，农村从要素供给向生态空间、文化传承、新消费载体等转变。日本、韩国、德国等国家分别通过开展造村运动、新村运动、村庄更新等运动，不断提升乡村治理和发展能力，取得了较为成功的经验。

2018年2月4日，国务院公布了2018年中央一号文件，即《中共中央国务院关于实施乡村振兴战略的意见》。2018年3月5日，国务院总理李克强在《政府工作报告》中讲道：大力实施乡村振兴战略。2018年5月31日，中共中央政治局召开会议，审议《国家乡村振兴战略规划（2018~2022年）》。2018年6月12~14日，习近平主席在视察山东时指出，要扎实实施乡村振兴战略，打造乡村振兴的齐鲁样板。

中德生态园按照国家乡村振兴战略的要求，通过以国际化推动城市化，以园区发展促进乡村振兴。园区所在地原址主要是山林、石场、荒地和农田，无基础配套、无道路、无企业，发展基础差，城市化改造前，15个社区零散分布在南部山区，交通不便，集体经济薄弱；居民基本靠种地、外出务工为生，正规就业率较低；大批居民居住在山前场边，居住条件多为石头房、小平房，夏天无空调、少暖气，周边河流缺少治理，污水横流，卫生条件差。通过园区的开发建设，原本的"三无之地"，先后建成城区200余万平方米，入驻各类企业300余家，居住、商贸、教育、医疗等城市功能不断完善，给居民教育、养老、医疗、就业等方面带来了极大提升，释放了民生改善的巨大红利。从群众最急需、事情最难办入手，推动辖区百姓的幸福感、获得感不断增强。

释放城市化红利。福莱社区位于中德生态园先行启动区内，系红石崖街15个社区集中搬迁安置区，2674户、8855名居民居住于此。仅用时一年半完成11.6平方公里、15个社区一次性动迁安置工作。该社区规划总用地面积38.66万平方米，总建筑面积78万平方米，建设高层住宅20栋、多层住宅70栋。整个社区均采用国家绿色二星级建筑标准，运用20余项绿色建筑技术，社区内热电两用太阳能、地辐热供暖等环保系统广为应用。试点建设福莱智慧社区。通过有线电视这一百姓最易接受的媒介，打造了涵盖民生政策、便民信息等多方面的智慧平台，居民在家中即可看到"四点半课堂"自己家孩子的情况，欣赏到自己在"乐活曲艺社"中的表演，实现了"足不出户、乐享生活"的目标。

释放集体增收红利。按照"管好钱、用好钱、钱生钱"的思路，积极牵线搭桥，社区通过购置通用厂房、国有公司借款、购买商业地产等形式，盘活现金资产。与中德联合集体等国有企业合作，由其统一运营管理福莱社区8万平米商业板块，社区每年增收600万元。截至目前，街道43个村居集体收入由2016年的不足700万元增长到目前的4000万元，集体资产由不足3000万元增加到了目前的2亿元，其中12个村居实现了从0到几何级倍增的巨变。

释放就业创业红利。华大基因、海尔4.0、德国大陆等大批项目的落户，为居民创造了更多"家门口"的就业机会。园区联合街道办事处组织开展劳动力全面摸排，建立完善就业和失业人员工作台账，全面了解劳动力职业技能、就业意向等信息，每月免费进行电气焊、育婴、家政、面点、叉车等有针对性的技能培训，培训人数700余人次，300余人考取职业资格证书并走上了新的工作岗位；结合园区内企业用工需求，每月举办企业招聘会，福莱社区3345名适龄劳动力中，有3100名实现了正规就业，社区内有就业意愿的居民基本实现了就业。

释放农民市民化红利。加快推进教育环境建设。增建公办幼儿园两处1万多平方米，加快了学前教育的高起点发展；依托中德生态园创建足球文化校园，借力青岛九中的外语优势开展外语特色课堂辅导教育。开展失能人员专项救助。研究出台了失能半失能群体医疗救助办法，联合卫生院组建10支"红衣医疗队"每周上门开展心电图、彩超等全面巡护服务，提供轮椅、褥疮垫等辅助器具；居家服务团队每天入户1小时，提供洗衣做饭、保洁陪伴等居家服务，实现了居家服务及医疗检查的全覆盖。开展"老年餐桌"免费送餐服务。在高标准打造全区首批试点的福莱社区养老服务中心的基础上，成立了"物业送餐服务队"，为社区失能半失能老人和80岁以上孤寡独居老人免费送餐，解决了孤寡空巢老人的吃饭难题。逐村居制定村规民约。通过宣传教育、党员示范的方式，不断提升居民文化修养，推进移风易俗。提升社区综合服务中心。设置"邻里议事厅""邻里汇"等板块，引入公益组织每周举办茶艺、插花等活动，不断凝聚居民向心力；成立"乐活曲艺社"工作室，常态化开展曲艺、书画、歌舞等活动，促进了农村向社区、农民向市民的有效转化。

中德生态园在过去6年发展过程中，在完善人文环境方面的举措、成效与经验，人文环境对中德生态园发展起到了重要的支撑作用。

学术界对人文环境在企业投资和经营活动产生潜在影响所持有的观点给中德生态园的软环境建设以深刻的启示。在投资硬环境大致相当的基础上，投资软环境的好坏是决定投资成功与否的关键。先进的区域社会文化为企业初期的管理能力和营销能力培育提供潜在动力，区域教育科技环境是企业获取、运用外部知识的主要源泉和有效载体。人文环境是文化产业活动孕育、创新的丰厚土壤，也是文化产业竞争力的重要来源。中德生态园借鉴了欧美在促进文化体育产业发展的环境建设方面积累的经验：一是高度重视并积极促进本国文化多样性；二是高度重视社会整体和区域文化的活力；三是高度重视文化创意人力资源的吸引和培养；四是大力推动文化资源、信息、资本等文化产业要素之间的有效组合。最后，介绍中德生态园的人文环境建设通过自然人和法人两类节点对园区竞争力产生的影响。

中国生态园主要从推进多元文化交流的外部智力支持、中德足球体育交流、中德音乐文化交流等几条途径加强中德间的多元文化交流。通过积极寻求与德国高校的人才培养合作、建设"双元制"大学、建设中德双元职业中专、创建青岛—汉斯·赛德尔基金会职业能力发展中心等措施促进教育与人才培训工作。经过五年的努力，多元文化交流使绿色发展、可持续发展的理念深入人心，逐渐形成开放、共享、多元融合的生态园园区文化，树立了区域经济增长质量的样板，参与中德生态园建设的每个自然人都逐渐树立新型的经济增长质量观念。

中德生态园借鉴德国的发展经验，推出适合中国特色的城市和农村融合发展模式。这种融合发展模式恰好符合当下人们对新型生活方式的追求，具备服务市场前景广阔、有效降低消费者移动型休闲度假服务的交易成本、有效实现休闲度假服务供给的规模经济与范围经济等优势。

第7章 中德生态园的组织保障与运行模式

具有可持续的产业园区建设与发展必然离不开夯实的组织保障与不断创新的运行模式。中德生态园的管理者以创业者的心态、国际化的眼界、高瞻务实的品格、与时俱进的创新精神，为园区的组织架构、建设与融资、学习型组织打造、合作治理模式探索等方面做出了积极的探索尝试。在中国新一代产业园区与国际双边合作园区的建设和发展中，"中德人"勇于探索、大胆实践，走出了一条不为寻常的开拓路径，为新时代下的园区发展、产城融合实践探索积累了宝贵的经验财富，取得了丰硕的现实成果，赢得了蓬勃可期的美好前景。

根据政府在产业园区建立与发展中的不同作用，产业园区组织模式分为自下而上的自组织模式（如德国瓦利产业园区）与自上而下的有意设计组织模式。作为新一代产业园——中德生态园就属于后者，政府主导"自上而下"的有意设计组织形成。

中德生态园是我国实施的第一个中外双边合作生态园区，没有先例可循，一切需要自我探索。在建设初期，园区建设者面临着一系列新的课题。如何做好顶层设计、提供有力的组织保障，以及采用何种高效率的运行模式等成为维护中德生态园健康、可持续发展的重要基础。

有力的组织保障，既可以充分发挥组织的保障作用和领导作用，可以充分发挥组织在建设和发展中的主导力量。正是依靠有力的组织保障措施和高效的运作模式，使中德生态园在绿色、文明、和谐、创新的发展建设中取得了骄人的成绩。

7.1 园区管理的组织架构

中德生态园的组织管理采用国内普遍实行且行之有效的管理框架模式，即在生态园管理委员会的领导下，采取园区建设运营平台公司和市场化的招商体制。其组织特点包括管委会机构设置采用大部制、人力资源管理改革实行职员制、决策咨询实行智库制。

7.1.1 管委会的"大部制"管理与发展

青岛中德生态园管委会为青岛市政府派出机构，由青岛西海岸新区代管。其主要职责包括：中德生态园管委的统筹管理、协调区域内的规划布局、开发建设、经济发展等工作；承办上级交办的其他工作。当前，机构设置上有办公室、规划建设局、经济发展局、投资促进局、科教局、企业服务部、人才保障部7个机构。

（1）青岛中德生态园机构演变历程。

随着中德两国合作日益紧密，在中国商务部和德国经济和技术部共同推动下，在山东省委省政府大力争取支持下，在青岛市、省商务厅共同努力下，在新区和中德生态园的干部职工艰苦奋斗下，中德两国加强节能环保领域的经贸合作建立"生态园"的战略逐步落地，并顺利实施。承接这项战略的具体机构——中德生态园，也经历了从无到有、从宏观到具体、从指挥部到管委、从临时到正式、从小到大的演变过程。

①孕育期（2010~2013年）。

中德生态园成立发展的孕育期，充分反映出"中国速度+德国质量"的组织建设理念。历经三年时间，中德生态园完成了从无到有的高速度、高质量的建立。其成立了办公室、规划建设局、经济发展局、投资促进局四大部门，确立了建设发展的组织机构建制基础，即，"大部制1.0"。

2010年7月16日，德国总理默克尔访华，中国商务部与德国经济和技术部签署了《关于共同支持建立中德生态园的谅解备忘录》，双方确定"支持在中国青岛经济技术开发区内合作建立'中德生态园'"。这标志着"中德友好、合作共赢"的新一代产业园区——中德生态园的种子已经种下。

随后不到两个月时间，青岛市人民政府决定成立青岛经济技术开发区中德生态园工作协调领导小组。随后，山东省政府成立由副省长为组长的中德生态园建设领导小组。

2011年3月，青岛经济技术开发区成立"中德生态园"合作建设协调推进工作领导小组。并成立了领导小组办公室（开发区欧美亚投资促进局），与德国工商大会北京代表处分别作为双方执行联络机构。

2011年5月，青岛经济技术开发区成立国际生态智慧城（中德生态园）建设指挥部。12月6日，中德生态园奠基仪式在青岛经济技术开发区举行。

2012年5月，青岛市委、市政府成立中共青岛市委青岛中德生态园工委、青岛中德生态园管理委员会。

2013年7月，青岛市政府调整青岛西海岸经济新区及相关功能区管理体制，决定成立青岛国际经济合作区管理委员会，为青岛市政府派出机构。内设办公室、规划建设局、经济发展局、投资促进局4个正处级工作机构。

②建设成长期（2013~2016年）。

中德生态园建设与成长的初创阶段，集中吸纳了"德国+""+德国"的高标准建设思想，创先引入了知识产权中心和科技与标准化局两部门，形成了中德生态园管委会六大部制的组织管理部门架构，即，"大部制2.0"。

2014年6月10日，青岛市委决定：中共青岛市委青岛中德生态园工作委员会改设为中共青岛中德生态园党组。

2014年7月11日，青岛市编委批复同意中德生态园管委设立项目服务中心和知识产权与标准化工作促进中心两个正处级事业单位。

③建设成熟期（2016~2019年）。

随着园区功能的逐步提升与完善，中德生态园的建设发展也进入了相对成熟阶段。管委会对原有组织机构进行了进一步升级优化。通过职能合并与调整，新设科教局、人才保障部、企业服务部，形成了大部制3.0。

2017年是中德生态园加快发展的关键一年。中德生态园按照青岛市十二次党代会会议精神，围绕新区统一部署，以建设"五大理念践行区，生态发展实验室"为目标，发扬习近平总书记提出的"钉钉子精神"，钉牢钉实产业、建设、保障"三颗钉"，全面推动园区更快更好发展。

2017年作为园区机制调整年。针对园区发展现状，管委会调整建立了新的决策机制、运行机制和监督管理机制。中德联合集团高管公开职责，管委部门负责人全员重新竞聘上岗。另外，在管委人员和职位数不变的情况下，调整内部工作体系，建立政府马上办服务部、人才服务部、发展基础部"三大服务保障体系"，转变政府服务的方向和方式，全力打造园区良好的发展环境，吸引企业入驻，消除企业后顾之忧，钉实、钉牢园区发展软环境。依据工作重点与形式的变化，因势利导地调整大部制组织机构。

新设的科教局，主要职能合并了知识产权中心和科技与技术标准局的工作服务职能。

设立人才保障部，工作服务职能包括原办公室分出的职员化管理考核工作、人力资源管理工作，新增加了人才引进与申报、企业人才工作服务职能。

新设企业服务部，分出了投资促进局的招商引资项目引进、园区投资环境及政策的介绍说明、为境内外投资者推荐投资信息、协调促进投资项目落户，联络、协调、服务入园企业，提供投资项目全程咨询代理服务，促进项目投产运营。这形成了园区管委会组织架构新的跃升，即"大部制3.0"。

（2）"大部制"管理机构发展的总结。

青岛中德生态园管委会机构的演变历程（见图7-1），伴随了园区孕育、建设历程的三个标志阶段，顺应并突出体现了三个阶段的发展特点与建设工作重点。

孕育期——建设规划、经济统筹、招商引资是园区建设发展长期的主题，"大部制1.0"，正是基于园区发展长期的主题，确立了建设发展的组织机构建制基础，成为机构变革中稳定的基石。

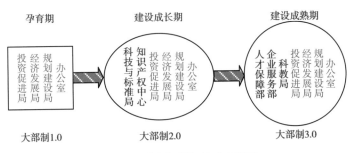

图7-1　"大部制"的动态演进

建设成长期——"大部制2.0"，创先加入的知识产权中心和科技与技术标准局，契合了同期提出的"三大愿景"，为同期编制的引领园区规划、建设和运营的综合生态指标体系等举措提供了有力的组织保障。

建设成熟期——站在园区发展历程的新阶段、新高度、新起点，经过审视调整的"大部制3.0"充分反映了园区发展新阶段的"建设与运营并重"的特点和工作重点，凸显了为人才保障、企业服务等能为园区可持续发展提供源动力重心领域保驾护航的决心。

7.1.2　管委会的职员制改革与发展

中德生态园作为青岛首批职员管理改革试点单位，按照青岛市和西海岸新区改革创新部署，以"激活力、提效率、促发展"为问题导向，坚持干部人事制度的破立结合，探索建立与改革开放相适应、与核心工作相匹配的"人员能进能出、职位能上能下"的动态人力资源管理模式，推动园区发展成效明显。

在《青岛市功能区职员管理办法（试行）》基础上，"中德人"着力探索建立职员管理操作体系，出台了一系列措施办法，并全面推进落实。

（1）先导示范的人力资源管理模式改革。

围绕中心任务，调整工作架构。在管委会的职员制改革中，通过确定年度"主线"工作战略部署，打破原编制设定的机构及性质，按业务发展导向改设业务部门；同时，分解职能，在业务部门内按团队建制，组建工作团队作为推进工作的基层单位；此外，明确职责，因事设岗。部门、团队、岗位三级结构按需动态设置，保证组织架构、人才配置对阶段目标及时响应、有效支撑。例如，科技与标准化局、财源工作部都是根据发展需要及时成立并迅速展开，较好达成目标。

打破身份界限，创新用人机制。①不分行政、事业、企业身份，全员职员管理，按能力配置到岗。②全员竞聘，打破身份、级别、资历、职称等限制，尚实干、推能人。③出台《职员岗位管理细则》，以绩效贡献为基础，对职员等级、业务管理岗位、传统行政管理岗位等的升降做出规定，全面打通上下通道，实现"能者上、平者让、庸者下"。④强化基层议事监督，推选职员代表，成立职员议事会，围绕管委会战略、改革创新议事，形成基层参与发展、民主公开的"减行政化"氛围。

完善绩效管理，促进目标落实。①建立"2+2"目标体系，即管委会统筹"工作主线"加"部门（公司）"，部门统筹"团队"加"职员"的年度和季度任务目标体系。②建立"两张网"督查机制，即OA办公督导平台和人事考核平台，形成线上线下督查调度考核体系。③出台《科学发展综合考核及职员绩效考核办法》，建立日常、月度、季度、半年、年度全程督查考核体系；同步考核目标完成情况和任务强度情况；创新实行"考核会议制度"；引入职工议事会代表参与评估。

管委会的职员制改革与发展过程中，构建了园区特色的考核模式，营造了争先氛围。以考核系数、强度系数、岗位系数，每季度核算兑现绩效工资，全面体现职员工作绩效和付出，奖优罚劣、奖勤罚懒、动态增减。考核优秀、任务强度大的职员，绩效薪酬达到或超过上两级岗位职员薪酬水平；考核不合格职员不享受绩效奖励。对季度考核未达标，其后季度补充完成任务的两个部门，实施了扣减该部门职员绩效工资的处罚。

严格控编管理，预留发展空间。考虑在建设规模期（初步成型期）必将面临的人才需求压力，在致力于引进优秀人才、完善队伍结构的同时，园区通过科学设岗、一岗多能多责、盘活存量、满负荷运行等方式，努力控制用编增长，为后续健康发展预留人才储备空间。

（2）卓见成效的职员管理操作体系探索。

中德生态园在秉承青岛市功能区职员制改革管理《办法》的理念基础上，确立了"从常规到战略、变常态为动态"的方针，先后出台了《岗位竞聘》《绩效考核》《岗位管理》《薪酬分配》系列办法，并在全面推进落实的过程中逐步完善。在探索建立职员管理操作体系的实践中建立许多行之有效的制度、措施，并收获了可喜的成效。

激发了士气。构建并落实了薪酬和事业的"双因素激励"模式。去行政化、能上能下等机制，弱化了传统行政管理的简单模式，优化为指导、带领、合作、竞争的复合模式。各级人员竞争压力加强，勤干事、敢担当、勇争先的激情得到激发。"5+2""白+黑""上一线""比着干"已成为园区常态。个人独挡多面、上下协力推动任务完成已成为基本的工作模式。

吸引了人才。先后引进多名高级专业人才；实施公开招聘，报名人数与需求比均超过20：1。按需引人，使人才引用有的放矢。现有职员管理已包含原行政、事业、企业多种身份人员，研究生、中级以上职称、留学人员分别占1/3、1/4、1/5，体制外人才约占1/5。初步体现出职员高层次、体制内外融合、国际性的特点。

推动了工作。园区整体发展得到较大促进。获新区绩效考核优秀、优秀工作成果和改革创新一等奖；通过市级精神文明标兵单位审核；获得青岛市蓝色经济引智示范基地荣誉称号。2015年以来，各项主要经济指标保持20%以上增速。

做出了探索。试点改革工作得到各方肯定。改革创新成果在《青岛改革动态》刊发；收录进"基层党建与组织工作创新工作成果汇编""中德生态园职员管理改革试点成效明显"专报以及新区关于"中德生态园创新用人机制的调研报告"，获得各方良好评价。

综上所述，中德生态园管委会在其职员制改革与发展中，形成了目标明确的工作架构动态调整体系；打造了"破—立"结合的创新用人机制；构建以促落实为根本的绩效管理制度；同时，立足发展，严格控制编制管理，为未来发展预留空间。这些举措在实践中调动、激发了职员的工作热情与潜力，高效地推进了实际工作。作为青岛职员管理改革的首批试点，中德生态园的职员制管理改革创新工作高质量地完成了青岛市及新区政府的任务要求，提供了具有先导示范效应的政府人力资源管理模式改革与探索的实践经验。

7.1.3　生态园"智库"构建与发展

中共中央办公厅、国务院办公厅印发的《关于加强中国特色新型智库建设的意见》指出，"不唯上、不唯书、只唯实。不能教条主义，要接地气，在思想方法上要坚持实事求是、坚持客观性。"这使中国特色新型智库建设的目标任务更加清晰。中德生态园的智库建设确立了"搭建外脑、桥接资源"的目标，坚持"开放包容、求真务实"的原则，同时，建立智库专家联系制度，秉承"以我为主、兼蓄各方"的理念。

中德生态园的顾问委员会，作为中德生态园管委会设立的义务决策咨询机构，是中德生态园科学发展和民主决策的重要国际智库。顾委会采取年度工作会议制与日常联络工作制相结合，原则上每年召开一次正式会议，由秘书处召集，必要时可组织部分委员召开专题座谈会；平时，根据顾问擅长的领域和园区工作需求，由秘书处或对口业务部门联系顾问就相关工作进行咨询或协助推进。顾问工作采取无偿制，若顾问与园区发生委托关系，则须辞去顾问身份。顾委会主要负责对中德生态园实施生态化可持续发展战略、制订中长期经济与社会发展规划、开展中德双边合作与交流等重大事宜建言献策并进行咨询评估。就中德生态园建设和发展的重大问题和难点、热点问题，向中德生态园管委提出咨询建议。为中德生态园的统筹规划、合理布局、产业定位、科技创新、人才引进等重大事项提出了宝贵的意见和建议。

（1）国际化的中德生态园顾问委员会（智库）。

中德生态园管理者围绕"智库"构建的目标与原则，精心甄选，先后聘请22位在中德两国各界具有很高声望以及中德合作工作经验丰富的知名人士担任园区顾问。他们中有德国政界名人、中德两国学研届领袖、中德名企高管以及长期致力于中德友好的有识之士。此外，特设了产业发展、可持续发展、艺术领域的特别顾问。

强大"智库"，使中德生态园拥有了强健的"外脑"和"资源桥接潜力"，并在园区的建设发展中切实地发挥了极大作用（见表7-1和表7-2）。

表7-1　　　中德生态园国际顾问委员会——现任成员顾问（按姓氏首字母顺序排列）

1	陈玉东博士	博世（中国）投资有限公司总裁
2	贝恩特·达勒曼博士	欧洲环境基金会创始人兼理事长；上莱茵河都市圈城市联盟秘书长；德国弗莱堡市经济、旅游、会展促进署前署长
3	沃尔夫冈·菲斯特教授	德国被动式房屋研究所所长
4	冯必乐博士	西门子股份公司前董事会主席
5	奥古斯特·汉宁博士	德国联邦内政部前国务秘书
6	孔罗曼先生	德国奥尔登堡市市长
7	阿克塞尔·库恩教授	德国国家科学与工程院院士；德国弗劳恩霍夫物流研究院终身名誉院长；德国多特蒙德大学教授
8	皮特·库尔茨博士	德国曼海姆市市长
9	卢秋田大使	前中国驻德意志联邦共和国大使；前中国人民外交学会会长
10	卢永华大使	前中国驻奥地利大使；中国前外交官联谊会理事；中国国际文化交流中心理事
11	马灿荣大使	前中国驻德意志联邦共和国大使；前中国外交部长助理
12	库尔特·梅那特教授	富克旺根艺术大学前校长
13	曼弗雷德·奥斯特瓦德先生	V-Consult城市设计咨询公司首席执行官
14	奥托·席利先生	德国联邦内政部前部长
15	克劳斯·施拉普纳先生	中国国家男子足球队前主教练；山东省人民友好使者
16	盖德·施万德教授	德国奥尔登堡市前市长
17	克劳斯·托普夫教授	联合国前环境计划署行政主管；联合国前副秘书长；德国前联邦环境部长
18	汪建博士	华大基因董事长；深圳华大基因研究院名誉院长
19	王建斌教授	北京外国语大学德语系主任、教授
20	奥托·威斯豪耶博士	德国巴伐利亚州经济、基础设施、交通和技术部前部长；巴伐利亚州经济顾问委员会主席
21	吴志强教授	中国工程院院士；同济大学副校长；瑞典皇家工程科学院院士；2010上海世博会总规划师
22	赵彬大使	前中国驻奥地利大使

表7-2　　　　　　　　　　　　中德生态园国际顾问委员会——特别顾问

产业发展顾问	房殿军教授	德国弗劳恩霍夫物流研究院中国首席科学家、首席代表
可持续发展顾问	施涵教授	香港城市大学公共政策系环境政策专业副主任、美国亚利桑那州立大学可持续发展学院兼职教授、中国国家级经济技术开发区绿色发展联盟首席科学家
艺术顾问	蔡玉水先生	著名画家、雕塑家、导演

（2）中德生态园国际顾问委员会（智库）成立与发展。

2015年6月，中德生态园国际顾问委员会（智库）成立大会暨第一次会议顺利举办，会议以"生态与城市发展"为主题，以"中德生态园的发展目标、产业定位及其路径选择"为出发点和立足点，中德双方共计9位高级资深顾问及3位特邀嘉宾参加。

会议通过《中德生态园国际顾问委员会（智库）章程》，确定了顾委会组织机构及工作机制，为今后的工作开展奠定基础。会上，各位顾问结合青岛市、西海岸新区以及中德生态园的特点，共提出77条建议和评价，顾问们一致认为："中德生态园定位清晰、目标明确，是中德合作平台的典范。"根据顾问意见，会后形成中德生态园国际顾问委员会（智库）第一次会议青岛报告，为园区下一步发展指明了方向。

2016年6月，中德生态园国际顾问委员会（智库）第二次会议成功举办。以"中德生态、经贸、创新合作新趋势"为主题，中德双方共计8位高级资深顾问、5位特邀嘉宾参加会议。顾问们从国际视野，对比中德两国发展路径和契合点，为园区借鉴德国理念、标准和模式，实现中德生态、经贸、创新合作提出来许多宝贵建议。本次会议收集有效建议和评价52条，形成了《青岛中德生态园第二次国际顾问委员会会议青岛共识》。顾问们一致认为：在过去一年里，中德生态园的生态建设取得了新的进展，获得中国政府低碳试点城区评分第一。希望继续坚持生态优先、探索先行的原则，打造中德合作的生态发展试验室。

2017年6月，中德生态园国际顾问委员会（智库）第三次会议成功举办。顾问们听取了关于编制《中德生态园可持续发展报告》的意见，认为《报告》的编制非常有必要。各位顾问和嘉宾对中德生态园关于可持续发展、中德产业合作、中德合作创新、智能制造合作、互访交流、人文交流、贸易交流等领域的发展贡献和取得的成果给予了充分的肯定。

2018年6月，园区成功举办中德生态园国际顾问委员会（智库）第四次会议。共有19位园区顾问、嘉宾参加了会议。与会顾问、嘉宾实地查看了园区过去一年的建设、发展等最新进展，听取了关于中德未来城规划介绍、中德生态园与西门子公司开展城市可持续发展关键绩效与低碳实践研究项目成果、2030指标体系认证结果，就中德生态园在园区推广、未来城规划建设等方面提出了很多有价值的意见和建议。顾问们希望园区继续加强知识产权保护，拓展数据保护以及数据安全、数据通信安全方面的市场开放性展示；提醒生态园在产业聚集方面应该求精求质，不要一味地求大求全，注意企业之间的关联度。

2019年6月，中德生态园国际顾问委员会第五次会议举办。共有20位顾问嘉宾参加了会议，听取了德国企业中心柯雪婷女士关于德国中小企业在华发展的报告以及中德生态园工作报告，参加了卫礼贤馆开展仪式，围绕开放合作共赢、加强中德合作等主题建言献策。会后青岛市委主要领导会见，并聘任全体顾问为青岛市对德合作委员会成员。

（3）中德生态园的"智库效应"。

通过几年智库组织的建设与运行，中德生态园获得了多方面切实的收获。来自各行各业，不同背景的智库顾问们献计献策、身体力行地为扩大园区的国内外影响力积极奔走，为园区桥接合作资源与引进项目，更有多位智库顾问直接加入园区的项目运营、规划设计、发展总结、报告编制、职员培训等实际工作中。"智库效应"在园区内外遍地开花。

7.2 园区建设平台与融资机制

园区建设发展的依托与融资机制的建立健全是中德生态园健康、可持续发展的重要组织保障内容。中德生态园依托管委会领导下的专业化建设运营平台，创新发展多样化融资方式，开展了中国新一代产业园建设与运营的探索与实践。

7.2.1 管委会领导下的专业化建设运营平台公司——中德联合集团

作为青岛中德生态园市场化运作的主体和开发建设的载体，中德联合集团有限公司全面参与中德生态园的规划设计、对德交流合作、招商服务、基础设施建设、园区运营管理等各项工作，并承担着青岛国际经济合作区202平方公里的开发任务。经青岛市政府授权，公司还将实行中德生态园土地一级开发及封闭运作，授权区域范围66.2平方公里。

公司拥有一支熟知德国、英国、美国等国家经济文化的国际化团队，面向具备生态园区开发经验和投资实力、在技术上能达到生态指标体系要求的中外企业、金融机构、投资基金或金融财团，就园区开发建设开展全方位的合作。围绕"创新、开放、合作、共赢"的经营理念，中德联合集团有限公司将逐步发展成为在细分产业领先、具有较高知名度、能够带动关联产业发展的大型国有企业集团。

2011年，按照"政府引导、市场化运作"的开发建设原则，中德生态园组建了自己的专业化建设运营平台公司——青岛中德生态园联合发展有限公司，注册资本9亿元。

2015年，公司正式组建成为中德联合集团。公司拥有51家子公司，其中28家全资子公司（海外子公司1家）。中德联合集团在工程建设、中德商通、融资上市、被动房新兴产业、园区管理、对德文体等领域，公司重点成立了中德置业公司、中德实业发展公司、中德园区运营管理公司、中德咨询公司、被动屋工程技术公司、中德体育文化公司等全资子公司，在德国慕尼黑设立了全资子公司中德生态园商务及咨询有限公司。

2019年，中德联合集团有限公司深入贯彻落实党的十九大精神，围绕新区项目建设、改革创新、作风建设的各项工作部署，在中德生态园管委会的正确领导和各部门的大力支持下，秉持"田园环境、绿色发展、美好生活"的发展愿景，圆满完成功能区开发建设、重大活动的组织承办等各项工作任务，同时深入推进市场化进程，不断提升企业的盈利能力，实现国有资产保值增值。

中德联合集团认真贯彻实施中德生态园管委会各项工作部署，明确承担政府性职能和市场化运作的总体工作思路，在扎实推进功能区开发建设的同时，大力培育壮大利润增长点，以新增利润反哺园区建设，实现园区与企业互促互进、健康发展。

7.2.2　市场化专业招商运作模式

中德生态园实行市场化、专业化招商，由管委统一提出产业规划及重点招商方向，投资促进局统筹调度，特设青岛西海岸投资促进有限公司作为第三方专业招商公司具体实施，组织分工明确，效果目标清晰。

（1）市场化专业团队助力招商。

中德生态园组建了新区乃至青岛一流的国际化、专业化的对外交流合作服务团队——青岛西海岸投资促进有限公司，并建立了完善的管理体系与标准化工作流程。公司员工多数具备德国海外留学、工作经历，具备德、英、法、意等专业外语水平。团队专业涵盖招商、经贸、金融、投资、财务、工程、航空航天、人力资源、市场营销、互联网信息技术等领域。

公司主要负责中德生态园全球范围内的宣传推介、投资促进、国际合作及相关服务咨询工作；负责高新技术、新兴产业的拓展与开发；负责驻海外机构的管理工作，打造服务于中德生态园乃至青岛西海岸全域的投资合作平台。

（2）立体化网络网罗商业良机。

为更好地进行园区推介，招商引资，实现园区国际合作现代化产城融合等方面实现创新与突破，促进园区全面快速发展，中德生态园积极打造立体招商网络。

①梳理国内外招商重点行业和关键区域，从空间地域和产业纵深两个方向划分招商职责，分配招商任务，形成了重点地区全覆盖、关键行业有纵深的招商网络。通过条块划分，实现了重点区域不留白、关键行业不遗漏，大大提高了招商工作的效率。

②积极参加国内外外资企业聚集的展会及论坛活动，推介园区，同时了解市场前沿技术，通过多元化的合作方式吸引企业入驻。

③通过采取组团出访、接待来访、合作交流、委托招商、登门拜访等途径，走访企业和中介机构等多元化措施，建立了与部分德国驻华机构、企业及协会的沟通机制，搭建了园区对外招商渠道。

④设立驻德办事处，积极发挥桥头堡和联络窗口的作用，接触、联系德国工商界和有关政府机构，围绕接洽项目、宣传推介等重点开展工作。

⑤加强园区对外宣传，除了传统电视媒体、纸质新闻杂志媒体宣传外，同时开发园区德语网站、园区微信公众号、青岛中德生态园项目通等相关系统，进行网络招商及服务。

（3）软环境提升保障园区招商。

中德生态园坚持把改善软环境作为保障招商引资工作的总思路，不断健全招商引资各项服务制度，不断提升承载能力，增强投资吸引力，力图通过提升软环境打造硬实力。

①建立专业化德语、英语招商团队，招商人员大多具备留学工作经历，了解中外文化差异，为项目提供国际化服务。

②完善招商体系，明确招商流程，为入驻园区企业提供从注册落户到投产运营的一站式管家服务，如落户的各类行政审批流程代办、工程咨询服务、人力资源服务外包、翻译服务、签证服务及生活配套服务等。

③定期调研工作，了解德国政治经济发展大事件，德国经济行业发展趋势，分析研究德资企业的搬迁趋势和项目需求，掌握德国企业在中国的布局趋势及德国企业在中国投资的宏观趋势。

④立足赋权，细化决策。作为中德两国政府共同打造的具有可持续发展示范意义的生态园区，承担着推进青岛市国际化城市战略的重要使命，建园伊始，园区从建立健全规程机制，打造专业的法律队伍，到搭建多元化平台，始终致力于推进治理能力现代化和法治化营商环境的构造，注重提升各项工作的程序化、规范化水平，严格遵法、学法、守法、用法，强化依法行政的法治思维、法治信仰和诚信守诺的契约精神。

作为青岛市政府的派出机构，园区管委在授权范围内享有依法自主决策、依法实施经济行政管理的权限。建立了"五关"决策程序规则——《关于建立园区重大事项依法科学决策程序的试行规则》。对"五关"所适用的事项内容进行了具体的目录清单式列举，使程序运用更加清晰、可操作性更强，进一步提升了园区全体人员的规则意识和程序意识，保证了决策的科学性和民主性。

（4）以特色创新推进园区招商。

①园区成立"马上办项目服务中心"。在项目立项过程中坚持急事急办、特事特办，较好体现了审批权限下放后办事效率方面的提升。全程服务企业办理手续，对关键性的要件帮助项目方逐项、逐条完善，对非核心的要件在项目方作出书面承诺后容缺办理。

②创新性开展行政审批服务。为进一步简化和规范行政审批流程，提前介入项目引进流程，加大项目审批前技术指导力度。采取电话联系、邮箱回复等便利化措施，减少和避免项目方往返修改资料的情况，实现一般性审批事项受理后直接办结的最高效率。为快速推进项目进展，在法律法规允许的条件下，为部分项目出具提前开展前期的工作函，缩短

了手续办理时间，极大地保障了项目建设的顺利进行。

③做好入驻项目前期评价工作。2016年4月，编制并施行了《青岛中德生态园入驻国有投资促进平台项目扶持办法（试行）》和《青岛中德生态园进驻项目评价办法（试行）》，为招商引资企业入驻园区提供技术指导，把好入驻关。所有入驻项目评价工作均做到2日内办结，及时为招商单位出具评价结果。

④创设公职律师，嫁接法治"外脑"。奉行契约规矩，严格依法把关。推进合同管理工作标准化，严格合同审查和备案机制。编定统一的合同标准示范文本，并对合同的文本语言、内容、格式的基本规范要求进行了梳理明确；推行分级授权签署合同制度。对于已签署生效的合同，根据其种类进行分别备案登记，跟进合同履行。全面推行法律把关制度。始终为项目建设发展把好把严法律关。对于项目引进、建设发展推进过程中出现的法律问题，第一时间成立协商小组，理清法律主体关系，邀请专家团队参与会商，及时研究解决并出具法律处理意见。

园区的法治思维和契约精神为招商引资、项目建设、提升发展提供保障的同时也得到广大投资客商的良好回馈和赞赏。园区致力于打造"人人守规矩、事事订契约、处处用法律"的生态型、智能型、开放型的国际化、法治化园区，致力于为实现"田园环境、绿色发展、美好生活"的发展愿景提供坚实有力的法治保障。

7.2.3　创新性的中德生态园融资模式

产业园区在促进区域经济发展中的作用日渐突出。目前全球大部分产业园区的基本情况均为收入小于支出，投融资成为产业园区的迫切需要。

产业园区投融资模式分为三类：传统投融资模式的投资主体是政府部门。其优点是介于银行与地方政府及其所控股企业间的"政治关系"易获取时间更长、利率更低和金额更大的贷款额度。资本市场投融资模式是指利用资本市场上的股票、债券、信托等金融工具为园区基础设施的投融资提供多种渠道，减轻了政府的财政负担。项目投融资模式是以项目自身的资产和项目未来的收益作为抵押来筹措资金的一种融资模式。比较常见的有BOT、TOT、PPP及其组合。

在中德生态园的建设过程中，为解决投融资需求，创新地采用了多渠道、多策略、多组合式的融资模式，许多举措开创了中国产业园区建设融资的先例。

（1）创新融资模式，开启园区海外融资探索。

2015年5月5日，中德联合集团在德国法兰克福证券市场主板借壳上市收购成功，成为国内首家在德国主板上市的国有园区发展企业。

随着中德生态园建设工作全面展开，招商项目不断落地，中德生态园与德国机构、企业之间合作日益密切。2014年10月，国务院发表的《中德合作行动纲要》，明确提出加强中德两国在经贸和金融领域的合作。为践行国家战略方针，搭建招商引资、进出口贸易与服务等传统领域的平台，深化中德资本领域合作，经过近半年的前期调研和论证，中德联合集团全面启动借壳上市项目，将目光投向德国最大的证券交易所，同时也是全球四大证券交易所之一的——法兰克福证券交易所。通过中德集团在德国的全资子公司——中德生态园商务及咨询有限公司为主体并购一家上市公司，以期通过资本运作，建立可持续的业务模式，扩大中德生态园在德影响力，实现园区国际化发展战略。

中德集团自启动借壳上市项目，委托国际知名并购咨询团队全程参与，与中德两国中介机构建立广泛联系，通过对多家上市公司的初调和遴选后，最终与法兰克福证券交易市场标准板块的一家德国金融服务公司German Brokers AG达成收购意向。该公司股票可同时在柏林、斯图加特和杜塞尔多夫证券市场进行场外交易，为来自全球的投资者、金融机构了解中德生态园，投资中德生态园提供了便利通道。

随着企业拓展国际市场需求的不断增加，中国企业开始大力实施"走出去"战略，对外投资进入快速上升期。中德集团成功登陆德国资本市场，成为国内首家在德国上市的国有园区发展商，突破了国企传统经营模式，实现股权多元化，为深化落实国企改革开辟了新思路。

在"一带一路"倡议的引领下，中德集团基于上市公司平台优势，全面加快推进中德金融、贸易融合，以点带面，从线到片，不断提高中德生态园的国际认知度和美誉度，为全面推进国际合作打开了新局面。

中德集团破题完成德国资本市场首例经济重建，获得德国证监会高度认可，作为经典案例记录于德国资本市场史册。集团借助上市公司在进出口业务、金融合作、商务咨询等领域与德国合作伙伴展开良性互动，借力德国优质资源，搭建境外融资平台，推动构建园区金融产业链，打造国际合作新通道。

2017年，在国家金融监管力度加码、银行授信收紧的情况下，中德联合集团公司不断开拓思路，及时调整融资策略，借助园区国际化的优势，充分利用境内、境外两个资本市场，大胆创新融资模式，全年实现新增授信额度23.9亿元，同比增长370%，新增贷款资金到账7.9亿元，全力保障园区建设发展和企业经营发展的资金需要。

设立返程投资公司——峦石投资管理公司，开拓上市公司在国内挂牌辅导、赛事活动推广、融资服务等业务，实现资金回境。

涉足贸易业务，积极开拓德国新产品，签署矿泉水系列产品和眼镜湿巾贸易协议，当年营业收入约110万欧元。

加大对外咨询服务力度，与南德意志报业集团合作，获得德国"国际传感器专家会议"与"国际AI自动驾驶高峰论坛"中国区推广代理权，与全球最知名工业展——汉诺威工业博览会签署了2018年山东省代理权，为德国企业引进来、中国企业走出去搭建了桥梁。

（2）着力交流合作，搭建园区金融服务平台。

中德联合集团公司积极加强与各大金融机构的交流合作，着力搭建园区金融服务平台，为入园企业创造便捷的金融服务环境。

①首创平台公司、入园企业、金融机构三方风险共担的融资机制。设立一个基金两个中心，成立园区首个产业发展基金，与金融机构合作设立中德创新金服中心和中德实体经济发展担保中心，为促进园区招商、营造园区良好金融环境、探索新型融资担保机制做出了有益尝试，在一定程度上缓解了入园企业融资难、抵押少的问题。

②试水跨境融资。结合国家外汇储备政策的变化，积极尝试内保外贷，与中国银行境外分行合作，完成园区首笔内保外贷业务，以低成本的方式成功引入境外资金500万欧元。这不仅是集团拓宽融资渠道、引进境外低成本资金的一次新尝试，也为园区引进外资开辟了一条新路径。

③打造金融助力特色小镇服务品牌。围绕地方股权交易市场挂牌推荐业务，与青岛市"智造小镇"——王台镇以及平度市金融办开展合作，为广大中小企业提供上市挂牌辅导服务，全年累计签约企业13家，为建设特色小镇、发展特色小镇赋予新的内涵。

7.3　学习型组织的发展

7.3.1　中德生态园的学习与管理变革

学习型组织是一个能熟练地创造、获取和传递知识的组织，同时也要善于修正自身的行为，以适应新的知识和见解。为了加强中德生态园自身的核心能力与工作效率，中德生态园十分重视自己学习型组织的建设。

学习型组织最初的构想源于美国麻省理工大学佛瑞斯特教授。他是一位杰出的技术专家，是20世纪50年代早期世界第一部通用电脑"旋风"创制小组的领导者。他开创的系统动力学是提供研究人类动态性复杂的方法。所谓动态性复杂，就是将万事万物看成是动态的、不断变化的过程之中，仿佛是永不止息之流。1990年完成其代表作《第五项修练——学习型组织的艺术与实务》。他指出现代组织所欠缺的就是系统思考的能力。它是一种整体动态的搭配能力，因为缺乏它而使许多组织无法有效学习。

学习型组织应包括下列五项要素：

- 建立共同愿景：愿景可以凝聚组织上下的意志力，透过组织共识，大家努力的方向一致，个人也乐于奉献，为组织目标奋斗。
- 团队学习：团队智慧应大于个人智慧的平均值，以做出正确的组织决策，透过集体思考和分析，找出个人弱点，强化团队向心力。

- 改变心智模式：组织的障碍，多来自于个人的旧思维，例如固执己见、本位主义，唯有透过团队学习，以及标杆学习，才能改变心智模式，有所创新。

- 自我超越：个人有意愿投入工作，专精工作技巧的专业，个人与愿景之间有种"创造性的张力"，正是自我超越的来源。

- 系统思考：应透过资讯搜集，掌握事件的全貌，以避免见树不见林，培养综观全局的思考能力，看清楚问题的本质，有助于清楚了解因果关系。

学习是心灵的正向转换，如果能够顺利导入学习型组织，不仅能够达致更高的组织绩效，更能够带动组织的生命力。中德生态园遵循上述的五要素，努力打造自己成为学习型组织。中德生态园建立了全员共识的发展愿景，通过组织团队学习与对外交流，促进组织成员打破"旧思维"，培养创新意识；通过集体思考与分析，增强团队聚合力，实现自我超越；努力培养全员系统的思辨能力，践行到工作当中，取得了良好的收效。

（1）覃思精研是不断进步的基础。

中德生态园组织实施了学习共同体，自2017年起，定期开展覃思业校与精研早课。精研覃思出自唐·孔颖达《尚书序》："于是遂研精覃思，博考经籍，采摭群言，以立训传。"意为精心研究，深入思考。

围绕扩展园区职工视野，提升思考力。中德生态园每周一次"精研早课"，晨间工时前的时间，通过内部员工自行备课、上台讲授、大家研讨的方式，组织内部学政策、讲业务。重点培养讲课职工的组织能力、表达能力，听课职工跨本职的综合业务能力。目前已开展了人才政策、产业政策、公文写作、被动房技术等十余次。

每月一次"覃思业校"，邀请名家举办讲座，拓视野、广思路，目前已经先后联合国副秘书长托普夫，中国驻德大使馆史明德大使，当代著名学者、作家、哲学家周国平，西门子中央研究院对外合作总裁迪特·魏格纳教授，华大基因总裁徐迅等举办六期业校，涉及中德可持续发展合作、智能制造发展趋势、中德文化交流、基因科技最新发展趋势等热点课题，重在开拓职工视野、提升素养，培养和提高跨文化交流能力。

为了加强园区人才培养，中德生态园实施了德语专才"日常评、年终考"。园区成立德语学习考评领导小组，园区德语专才每年独立完成不少于2000词的原始译文，年底前组织一次德语水平全面考核，优奖劣汰，进一步厚实全省德语人才储备优势，提升德语人才专业素养，增强跨文化交流的能力。同时，积极争取外专局支持，组建中德生态园弗莱堡生态建设管理培训班，选拔部分优秀专业技术和基层管理人员，赴德国学习生态保护、绿色交通、海绵城市、低能耗建筑、低碳生态产业、城市管理等方面的先进经验，以国际视野全面提升园区生态建设发展水平。此外，定期开展招商、规划、建设、保密、统计等专业培训，形成了全民学习的园区文化。

（2）与时俱进是管理变革的动因。

通过学习型组织的打造，促进了中德生态园管理工作中的变革。2017年起，园区确立突出钉好"三颗钉"的管理工作重点，即产业钉、建设钉和保障钉。中德生态园在现有人员基础上，按矩阵式结构建立"4+N"产业策进会，基础建设、商住旅游、招商载体三个板块，政务服务部、人才服务部、基础保障部三个服务部，重点推进核心工作见成效。

推进"4+N"重点产业，瞄准生命经济、智能制造、被动房、教育等产业前沿，成立产业策进会，重点"策划产业发展、推进项目建设"，钉实钉牢园区产业发展基础。

设立生命产业策进会。打造世界级基因组学研发高地，依托华大基因，重点推进"1+10"组学产业体系，成立并召开华大基因研究院理事会，完成新区新生儿基因检测和妇女"两癌"筛查，服务民生，开工建设以基因组学为特色，集检测、研发、服务外包及医养结合于一体的健康共同体。

设立智能制造（工业4.0）产业策进会，建立中国首屈一指的智能制造示范园区。重点推进世界500强开利项目、德国隐形冠军Thermofin制冷设备等一批具有核心竞争力的智能制造项目，推出国内首家建筑产业智能体系，进入中德智能制造合作前沿。

设立被动房产业策进会。大力推进实施被动房产业合作伙伴计划，重点推进新风设备、节能门窗及真空玻璃、技术研发咨询、绿色建筑研究与实验中心等技术项目，重点推进多工况户式新风系统，打造中国最大的被动房产业平台及基地。

设立教育项目策进会。积极与中外高校和教育机构合作，引进德国"双元制"教育培训模式及国外高素质教育资源。

设立创新产业策进会。针对德国及欧美国家隐形冠军企业、高新技术企业等高端新兴产业现状及发展趋势进行分析研究，重点打造新能源汽车、信息技术、高端制造、创新创意等"五个产业链"。

7.3.2　中德生态园的对外交流与创新

（1）博采众长是组织成长的要义。

围绕德国生态园区开发建设和管理服务、建筑节能、环保等方面的先进理念和经验，中德生态园管委会骨干成员在德国慕尼黑、柏林、法兰克福、佛莱堡等城市进行了培训、课堂学习研讨、拜访园区和部门、举行交流讨论会、开展实地考察等活动，同时进行了广泛的文化环境综合考察体验，取得较好学习效果。

通过上述专题培训和实地考察，深入学习、领悟德国生态工业园建设主要特点及经验总结，包括：

• 群众性"环境运动"是德国环保生态发展的直接动力，环保法体系是生态工业园发展的生命线，欧盟生态管理和审计计划（EMAS）是工业园生态发展的导向标。

- 符合生态环保标准与民意的规划及严格实施是德国生态工业园持续发展的不变法则。
- 完备的产业循环和网络化协同是德国工业园生态发展的主要模式。
- 设施配套完善及高水平园区管理服务是园区服务企业、吸引投资的重要平台资本。
- 相关利益方广泛积极的参与及合理的分工配合是生态工业园发展的效率机制。
- 生态理念和生态知识的宣传教育及高质量的人力资源是生态工业园持续发展的不绝源泉。

（2）创新融合是自我提升的本源。

在经历对外交流与学习后的深思与领悟，中德生态园融合了德国元素，审视了自身的定位，做出了有利自身发展的新布局、新举措。

重新审视重要规划。彻底审验园区重要规划，多途径听取民意，成立民间组织，建立沟通机制，监督规划落实。

系统构建围绕"生态指标体系"的可操作系统。作为园区生态建设的刚性约束，亟须完成标准细化、执行路径、方法体系、控制激励等工作，并落实到各层面所有环节，真正形成可操作系统。

围绕产业规划加快实施循环布局和网络构建方案。加快产业规划落地，在招商引资中充分运用规划，编写"园区首选投资者清单"，突出选择性招商；分析企业信息，设计循环利用方案，科学进行空间布点，循环布局。建设一流校舍、实验室、高级人才公寓和创业中心，引进高水平大学与研究机构，集聚国内外各类专家、技能人才，建立各专业协会组织，举办高水平论坛，利用区域资源，构建各类协同的知识技术和关系网络，提升发展的科技实力。

区分管理机构工作重点。理清在园区发展的不同阶段管委职能和公司的主要任务，明确重要管理事项和管理原则。管委管规划、土地、政策支持、法制化推进等；管委所属（管）企业做好基础建设与物业管理，设计对园区管理服务的主要范围和内容，提前筹备和介入专业化服务以及园区环境管理、专业化招商等事项，提高专业水平，通过市场化运作形成自己独有的竞争优势。

加强生态学习和宣传。向干部队伍和民众灌输生态知识，宣传生态技术和产品，介绍先进国家生态建设范例，举办生态示范教育活动。在中小学中开设生态课程，促成生态意识和理念养成，并同步向社会宣传中德生态园。

多途径纳入德国元素。修建符合德国风格和技术的零消耗建筑、交通系统及多种生活配套设施；采用可再生能源等先进技术；修建德国商品步行街、德式酒吧、德式餐厅，引进建立圣诞市场，举办形式丰富的在青德国人聚会和活动。

做好可操作性的园区发展指导计划。深入研究德国先进园区在各发展阶段上的特点、规律和困难，结合中国实际，明确中德生态园发展的具体路径、阶段任务、应对方案、效益分析等。特别要重视研究产业生态发展与城市生态发展如何有机融合建设推进，形成示范性生态园区、生态城市开发建设的发展计划或操作指南。

持续加强干部培训。境外培训干部是国际合作的发展趋势，也是中德生态园健康发展的需要。在西海岸范围内选派干部，加强园区生态建设的针对性，建立常规的干部选派程序，注重出国培训前的任务准备，持续办好赴德培训班。加强国内学习交流，建立与先进园区的信息交流、定期考察机制。

7.4　参与式合作治理模式的探索

中德生态园的可持续发展，秉承创新、协调、绿色、开放和共享新发展理念，努力建立政府、企业和居民多元参与的合作治理模式。

参与治理与合作治理在主体的平等性、功能性、或缺性等方面截然不同。人类已经进入了一个高度复杂性和高度不确定性的时代，从参与治理模式转向合作治理模式是大势所趋。然而到目前为止，我国的环境保护与治理模式总体上仍然是政府主导、公众参与，即参与治理模式。由于环境的公共物品性质、环境问题的复杂性以及环境行为的外部性，环境保护领域特别适合也特别应当合作治理，即由政府、公众、企业、环保组织等在平等的基础上进行共同治理。

在社会、经济、环境的协调治理模式创新探索实践中，中德生态园把共建、共享、共创、共赢的合作治理目标作为其核心发展理念，做出了多主体参与的合作治理模式探索。

7.4.1　构建参与式合作治理实现的基础

在参与治理模式的实践中，虽然政府积极要求和竭力推动公众等主体参与政府决策、参与公共社会事务，然而公众却表现出对参与的冷漠，存在被迫参与、被动员参与现象。这并非源自公众本性，而是源自治理结构，即源自参与治理模式中主体之间的不平等。

合作治理的最大特点是合作治理主体之间的平等结构。在合作治理中，政府的基本职能是引导而不是控制，政府通过引导和协调制度的供给激发多元主体的活力，使多元治理主体能共同地、平等地、尽可能地发挥作用，各主体以公共利益为目标相互支持、相互补充，构成一个系统性、整体性的治理结构。

结构决定功能，合作治理的主体平等结构决定了其具有多元主体共同做出决策、共同提供公共服务、共同承担治理结果的功能。而且，这种平等的治理结构决定了各主体合作治理的积极性，特别是激发了公众进行合作治理的积极性。因为，"治理结构越是拥有平等的内涵，公众就越会积极地参与到治理过程中来，反之，公众就会对治理过程表现出冷漠"。

中德生态园在探索政府、企业、居民参与式合作治理的努力过程中，首先认清了实现合作治理的根本，就是要消除矛盾与冲突，给予参与主体平等的权利与尊重的态度，从而调动起各主体的参与积极性，逐步认知到自身的参与合作治理地位与职责，以实现从参与到合作的治理目标。

在协调社会与经济治理过程中，为弱势群体提供技能发展与就业机会——发展包容经济；以文化产业作为新兴经济增长点；良好的社会资本成为区域经济增长的重要因素；智慧社区/绿色建筑建设成为园区主导产业。

在协调环境与社会治理过程中，开放、包容性社区与公共服务设施——消除公共服务的差别化；增强居民环境保护与公众参与意识，形成政府、企业和公众的多元环境治理模式，以优良的环境质量作为园区社会质量和吸引力的核心要素。

在协调环境与经济治理过程中，加强企业准入的环境底线控制和企业运行阶段环境管理，确保把生产活动的资源环境代价纳入企业内部；发展绿色、生态产业集群把园区生态环境保护作为创新的技术、产品、服务系统以及标准的试验示范促进其商业化和向园区外扩散。

7.4.2 开展参与式合作治理的探索实践

中德生态园在建设初期就秉承参与式合作治理理念，积极开展实践探索，收获了良好的实践效果与社会评价。例如，在解决园区原住民的安置问题中的参与式合作治理探索中：

- 安置区选址完全尊重村民意见，全过程村民参与；
- 配建人均12平方米的商业用房，保障村集体经济可持续发展；
- 回迁小区——福莱社区全部达到国家绿色建筑二星级标准；
- 建立邻里中心，强化安置区功能配套；
- 启动安置居民职业技能、绿色生活教育培训；
- 享有完善的的农村养老保险、医疗保险等社会保障。

2016年8月，16个村庄6600多位村民搬进了福莱社区，有3600多就业人口，其中2800多人实现了中德生态园本地就业，约占全部劳动力的78%。中德生态园在解决园区原住民的安置问题中进行参与式合作治理模式的探索，让当地居民共享发展红利，取得了很好的经验。

《人民日报》评价："中德生态园的和谐拆迁模式，可为其他国际合作园区的村庄搬迁工作提供借鉴。"

　　中德生态园是在以习近平同志为核心的党中央准确把握时代大势探索实践过程中孕育而生的。她的建设与发展秉承了"创新、协调、绿色、开放、共享"新发展理念，是对破解新时代发展与需要之间的矛盾，解决发展不平衡不充分问题，实现更高质量、高效率、公平、可持续的发展这一新时代重大课题的回应。

　　中德生态园的管理者、建设者们，共同怀着"田园环境、绿色发展、美好生活"的发展愿景，在绿水青山之间培育新动能，着力打造新发展理念的践行区。"中德人"，在短短的几年时间内，对园区管理机构优化、激发员工活力的职员制改革、建设融资模式创新、强健组织打造、新型治理模式探索等保障园区可持续发展动力的关键领域做出了大胆尝试，取得了一系列令人叹服的成果。当中体现了中德合作的新理念、新模式、新机制、新速度，其中许多发展实践的经验值得进行复制、推广。

名人评价

"中德生态园作为新时期中德两国交流的平台、合作的桥梁、感情的纽带，体现了中德合作的新理念、新模式、新机制、新速度。"

——中国驻德国前大使卢秋田

"作为中德生态园的顾问，我参加了中德生态园全部三届顾问委员会会议，也参与了中德生态园的建设和发展，我认为中德生态园是中国最好的中德合作园区，这让我非常骄傲和自豪。"

——同济大学副校长、中国工程院院士吴志强

"对中德生态取得的巨大成就和各方面的进展表示衷心祝贺，对生态园团队表示敬意，中德生态园的发展实践和经验值得进行复制、推广。"

——中国驻德国前大使马灿荣

后 记

中德生态园自2010年由中德两国政府批准建设，并于2013年7月正式破土动工以来，初期入园的企业已经开始投入生产和运行，中德生态园各个方面的建设工作也在稳步的推进过程中，可以说初期效果已经显现。但是在这个阶段来评估中德生态园建设、运行的经验，可能为时过早，很多正在实施的政策措施，其长期的效果还有待时间的检验。

但是，我们可以肯定地讲，本书的写作完全达到了我们先前设定的三个目标：第一，在新的国内外的背景下，重新审视了中德生态园的总体发展战略、发展目标和主要做法，这可以为下一阶段工作指明方向；第二，作为园区可持续发展管理体系的一个核心活动，需要定期对中德生态园的规划、建设与运营开展评估，总结经验，及时纠偏，以便更快更好地实现中德生态园的发展愿景与目标；第三，归纳总结中德生态园在可持续城市化和发展创新型绿色产业集群方面探索的经验教训，向与城市和产业园区可持续发展有关的决策和管理人员提供素材、参照案例和比对标杆。这三个目的的达成，也可以说体现了本书的价值预作用。

迄今为止，中德生态园在绿色发展方面的探索与实践呈现出一些重要的特点：第一，生态绿色从一开始就被作为DNA植入园区规划、建设与运营的方方面面，从发展理念、愿景目标、指标体系、规划体系均嵌入生态的基因和种子。这不同于其他产业园区，往往在生态与环境方面出现问题时，再去加以纠正和修补的传统做法。可以说，中德生态园是在探索一条不同于"先污染、后治理"的新型发展模式，并努力把习近平总书记的"绿水青山就是金山银山"的绿色发展理念转变为现实中活生生的案例。第二，中德生态园的规划建设，从一开始就充分地把德国发展理念、技术和管理模式加以学习、借鉴和发展，较好地实现了"中国速度与德国质量"的有机融合，与传统的建设标准比，多数均发生了显著的增量成本，而又力求其生命周期内经济成本和环境代价都低于目前通行的同类建筑，总体上是高质量的发展。第三，中德生态园在"产城融合"方面是在深层次上展开的，从发展理念、标准和规划的整体上，在探索一条"亦城亦乡、非城非乡"的新型城镇化道路。第四，中德生态园的最终发展目标就是充分体现"以人为本"的理念。如何能吸引高素质、创新型人才并把他们留在中德生态园，是检验中德生态园最终是否成功的关键衡量指标。第五，中德生态园把创新作为园区发展的基本途径，力争成为可持续城市发展实验室，旨在建立一个政府、企业和居民多方参与、合作治理的模式，运行一个自我纠错、持续改进的综合管理体系，建立一个与时俱进的学习型组织。在技术创新方面，积极探索分布式基础设施理念的基础上，开展海绵城市、智慧社区、极低能耗建筑建设等多方面、全方位的创新实践。

通过6年时间的建设，中德生态园就开展如此之多的创新实践，充分体现出了创新、协调、绿色、开放、共享的新发展理念，可以说中德生态园已经达到了从一开始就赋予的"出经验、出模式"的期待，也得到了中德两国政府、各级领导、专家学者、入园企业和居民的肯定，正在向最终的愿景目标稳步推进。

"路漫漫其修远兮，吾将上下而求索"。中德生态园正在从以园区规划建设为主的第一阶段，进入一个生态园建设与运营并重的第二阶段，这势必会面临一些新的问题和挑战。

（1）合理配置人力资源。在充分预见园区进入运行阶段所面临的新问题、新需求基础上，开展相应的机构设置、人员配置等方面的调整，使园区平稳进入建设与运行并重的第二发展阶段。

（2）有针对性地引进人才。随着中德生态园不断发展，在园区平台之下，将会不断发展演变出新的业务和运行管理机构。如中德生态园智能制造公共服务平台的运行效能，在很大程度上取决于运行此平台的人员素质、能力和视野。发现和吸引这类人才，是中德生态园区不断孵化培育的重要保证。

（3）建立高效的公共服务体系。中德生态园的竞争力在相当程度上取决园区的生活品质，特别是随着中德生态园的发展，高素质技术和管理人才会不断地进驻，这势必会产生一些新问题和以前没有的矛盾。如何在现有体制下做出及时反应，并与主管社会事务的地方政府合作，快速解决问题，尚待测试和考验。

（4）进一步突出顶层设计。中德生态园应加强一些关键领域的战略思考和设计，包括符合创新型产业集群的融资体系的发展、"大数据、人工智能、虚拟现实"等前沿科技发展方面的对策、高端人才的吸引与发展战略、知识密集型服务业总体发展战略等都需要顶层设计作为战略支撑。

（5）加强高效智能化团队建设。随着园区建设时间的推移，如何保持创园初期的热情与效率，如何更新思维工具、技术工具、资源工具，以新的思维、新的方法解决新的问题以及部门之间的协调与合作效率。建立有效的制度化建设，特别是形成一个自我纠错、持续改进的综合管理体系，将成为保持中德生态园的发展势头和吸引力的关键。

（6）密切与德国的沟通与合作。目前在中国除中德青岛生态园外，还包括佛山中德工业服务区、太仓中德中小企业合作示范区、沈阳中德高端装备制造产业园和揭阳市的中德金属生态城等中德双边合作项目，如何保持中德两国政府对中德生态园建设的重视与关注，也是中德生态园需要认真思考和解决的问题。

中德生态园的建设为我们提供了难得的机遇，抓住机遇，直面挑战、创新发展是我们的共同责任与使命。为了更好应对下一发展阶段所面临的挑战，中德生态园也需要认清形势、端正态度、虚心学习。

（1）"不忘初心，牢记使命"。中德生态园在下一阶段的工作中要始终不忘建园初期的使命，始终坚持建园的理念，真正把中德生态园建设成为经济发展的龙头、居民宜居的乐园、生态建设的范例和改革开放的新高地。

（2）加强对德国等国外先进理念、方法综合解决方案等软件的引进学习，借鉴苏州工业园区专门成立"借鉴新加坡经验办公室"来负责全面系统地引进新加坡先进发展模式、管理方法等软件的有效做法。

（3）设立园区首席信息技术官和首席可持续发展官等新型战略职位，为更好地协调园区在智慧社区建设、大数据、人工智能等前沿科技发展，以及深度可持续发展的探索。

（4）加快园区智能运营中心的建设与运行，将其成为中德生态园经济、社会和环境领域的信息中枢和快速响应机制，为园区真正建成一个具有自我纠错、持续改进的综合管理系统的载体。

（5）编制中德生态园生态教育发展战略，加快中德生态园绿色生活模式培育，加强园区居民的公众参与意愿和渠道发展。

通过本书编写过程中的梳理和总结，我们更加清楚地认识到在各级领导的关心和指导下，在中德两国科学家、企业家和研究学者的共同参与下，中德生态园建设主力军集大家的智慧与汗水，取得了一些阶段性成果。但是，更为宝贵的成果应该是面对目前实践中喜悦与思索，对存在的问题和不足有了更清晰的认识。这势必会对下一阶段的建设，特别是中德生态园进入高质量发展和全面运营期的成功转型，具有重要的意义。让我们不忘初心、牢记使命、砥砺前行，到2021年在黄海之滨、美丽的青岛，为您呈现一个国际一流的生态园区。

参考文献

［1］《青岛中德生态园指标体系综合评价技术报告》.

［2］《中德生态园先行启动区资源保护与生态建设规划实施评估》报告文本.

［3］中德生态园能源低碳转型有关材料.

［4］中德生态园水资源可持续管理有关材料.

［5］中德生态园废物循环利用（建筑垃圾、废旧集装箱等）有关材料中德生态园智慧城市建设有关材料.

［6］青岛中德生态园2016年可持续发展报告.

［7］中德生态园国际顾问委员会第一次会议报告.

［8］中德生态园国际顾问委员会第二次会议报告.

［9］中德生态园国际顾问委员会第三次会议报告.

［10］中德生态园国际顾问委员会第四次会议报告.

［11］中德生态园国际顾问委员会会议记录.

［12］中德联合集团年度工作总结2015~2017年.

［13］中德生态园"覃思业校"速记资料.

［14］青岛经济技术开发区2013年培训考察总结报告.

［15］Bauer, T., 2018. Research on Real–World Laboratories in Baden–Württemberg. GAIA–Ecological Perspectives for Science and Society, 27（1）, pp.4–4.

［16］Bulkeley, H. and Castán Broto, V., 2013. Government by experiment? Global cities and the governing of climate change. Transactions of the Institute of British Geographers, 38（3）, pp.361–375.

［17］McCormick, K. and Hartmann, C., 2017. The Emerging Landscape of Urban Living Labs：Characteristics, Practices and Examples. GUST project document. http：//lup.lub.lu.se/search/ws/files/27224276/Urban_Living_Labs_Handbook.pdf.

［18］Matson P, Clark WC, Andersson K. 2016. Pursuing sustainability：a guide to the science and practice［B］. Princeton University Press.

［19］Voytenko, Y., McCormick, K., Evans, J., & Schliwa, G.（2016）. Urban living labs for sustainability and low carbon cities in Europe：Towards a research agenda. Journal of Cleaner

Production，123，45–54.

［20］侯永庭. 经济技术开发区投资环境评价［J］. 国际经济合作，1988（10）：22–23.

［21］吴新成，关正维. 区域投资环境与外资投向［J］. 经济科学，1987，9（3）：44–46.

［22］徐金水. 略论完善经济特区投资软环境［J］. 厦门大学学报（哲社版），1988（3）：54–59.

［23］惠鸣. 文化产业"软环境"及其优化［J］. 改革，2009（6）：152–154.

［24］王松梅，成良斌. 国家大学科技园发展的软环境解析［J］. 科技管理研究，2006（12）：18–20.

［25］刘仲蓓. 城市投资软环境评价体系研究［J］. 科技进步与对策，2003（12）：141–143.

［26］孙少岩. 从交易成本的角度看改善东北地区投资软环境［J］. 经济与管理研究，2005（1）：57–60.

［27］潘雄锋，刘凤朝，王元地. 区域人才软环境实证分析［J］. 科技管理研究，2005（5）：53–56.

［28］于鹏，赵景华. 基于软环境视角的跨国公司内部知识转移影响因素研究. 2011（6）：99–107.

［29］范钧. 区域软环境对企业竞争力的作用机制及其评价体系［J］. 科研管理，2007（2）：99–104.

［30］魏潾. 关于经济软环境的基本理论研究［J］. 学术交流，2004（9）：69–73.

［31］林汉川，管鸿禧. 我国东中西部中小企业竞争力实证比较研究［J］. 经济研究，2004（12）：45–54.

［32］郭韬，王晨，井润田. 区域软环境因素对高新技术企业成长的影响［J］. 科学学研究，2017（7）：1043–1053.

［33］牛玉峰，黄立丰. 改革开放以来软环境建设研究的回顾与思考［J］. 浙江学刊，2009（2）：11–16.

［34］Miller，D. The correlates of entrepreneurship in three types of firms［J］. Management Science，1983，29（7）：770 –791.

［35］Grant，R.M. Toward aknowledge–based theory of the firm［J］. Strategic Management Journal，1996（17）：109 –122.

［36］陈立旭. 区域工商文化传统与当代经济比较——对传统浙商晋商徽商的一种比较分析［J］. 浙江社会科学，2005（3）：3–12.

［37］贺小刚，李新春. 企业家能力与企业成长：基于中国经验的实证研究［J］. 经济

研究，2005（10）：70-73.

　　［38］罗兴鹏，张向前.激励理论的我国事业单位职员制改革研究［J］.华侨大学学报（哲学社会科学版），2016（2）：94-101+132.

　　［39］刘昕，王俊杰.事业单位职员制改革：进程、问题与对策［J］.国家行政学院学报，2013（4）：48-52.

　　［40］中德生态园国际顾问委员会会议记录（内部资料）.

　　［41］中德生态园工作报告2012~2017年.

　　［42］中德联合集团年度工作总结2015~2017年（内部资料）.

　　［43］青岛中德生态园管委会2016年团队长竞聘上岗实施方案9号（内部资料）.

　　［44］浦亦稚.苏州工业园区投融资模式研究［J］.科学发展，2014（9）：54-64.

　　［45］乔攀.硅谷科技园区投融资模式对北京数字出版产业基地投融资模式建设的启示［J］.财经界（学术版），2014（5）：127.

　　［46］张润彤，朱晓敏.服务科学概论［M］.北京：电子工业出版社，2009.

　　［47］丁家云，谭艳华.管理学理论、方法与实践［M］.合肥：中国科学技术大学出版社，2010：53.

　　［48］中德生态园"覃思业校"速记资料（内部资料）.

　　［49］青岛经济技术开发区2013年培训考察总结报告（内部资料）.

　　［50］王珏，何佳，包存宽.社区参与环境治理：高效、平等、合作［J］.环境经济，2018（Z1）：92-95.

　　［51］俞海山.从参与治理到合作治理：我国环境治理模式的转型［J］.江汉论坛，2017（04）：58-62.

　　［52］孙涛.当代中国社会合作治理体系建构问题研究［D］.山东大学，2015.

　　［53］易轩宇.合作治理模式下社会组织参与社会治理博弈分析［J］.兰州学刊，2015（03）：180-187.

　　［54］中德绿色之园（内部资料）.